Rolf W. Schirm Juergen Schoemen

Evolution der Persönlichkeit

Die Grundlagen der Biostruktur-Analyse

11., überarbeitete und erweiterte Auflage
(Titel bis zur 8. Auflage: «Die Biostruktur-Analyse, Grundlagen»)

Printed in Switzerland

ISBN 3-9522594-0-3

Inhalts-Verzeichnis

Editorial

Die Biostruktur-Analyse wurde 1977 vom Anthropologen Rolf W. Schirm begründet und seitdem ständig ergänzt und in den praktischen Anwendungsmöglichkeiten weiterentwickelt; sie wird im Rahmen von Seminaren durch lizenzierte Trainer vermittelt. Seit Ende der achtziger Jahre gehört zu den Lehrmitteln auch der Grundlagenband, der den naturwissenschaftlichen Hintergrund der Biostruktur-Analyse erklärt.

Neue Erkenntnisse in den Bereichen Neuro-Biologie, Verhaltens-Genetik und Molekular-Biologie haben weitere, sehr wesentliche Ergänzungen des bisherigen Textes über das «Drei-einige Gehirn» («Triune Brain») sinnvoll gemacht.

Nach dem Tode von Rolf W. Schirm konnten wir mit Juergen Schoemen einen Co-Autoren verpflichten, der mit Rolf W. Schirm eng zusammengearbeitet hat und die Biostruktur-Analyse sozusagen von der ersten Stunde an kennt. Als geschäftsführender Gesellschafter des Deutschen STRUCTOGRAM®-Zentrums kann er auf einen enormen Erfahrungsschatz in der praktischen Anwendung der Biostruktur-Analyse zurückgreifen. Seine über Jahre intensive Auseinandersetzung mit den anthropologischen Disziplinen – auch im Zusammenhang mit seinen Kontakten zu Forschung und Wissenschaft im In- und Ausland – ermöglichen ihm, die neuen Erkenntnisse in ihrer Bedeutung für die Biostruktur-Analyse darzustellen.

«Evolution der Persönlichkeit» ist also zugleich auch «Evolution» der Grundlagen der Biostruktur-Analyse. Rolf W. Schirm erhält posthum durch die neuen wissenschaftlichen Erkenntnisse eine eindrucksvolle Bestätigung seiner Arbeit.

Die neuen Fakten zeigen sich als erweiterte Basis eines damit hochmodernen und aktuellen Lehrmittels, dessen einfache Handhabung und pragmatische Umsetzbarkeit seit über zwei Jahrzehnten unbestritten ist.

Peter Stutz

IBSA Institut für Biostruktur-Analysen AG
Verlag und Inhaber der internationalen Markenrechte

«Ein Interesse am Gehirn braucht keine andere Rechtfertigung als die Wissbegierde zu erfahren, warum wir hier sind, was wir hier tun und wohin wir gehen.»

Paul D. MacLean

Einleitung

Über Jahrzehnte war die Diskussion in den anthropologischen Wissenschaften geprägt von der «Anlage-Umwelt-Debatte»: Sind die Erbanlagen **oder** die Umwelteinflüsse für die Persönlichkeits-Entwicklung und das Verhalten von Menschen verantwortlich? Am Ende des 20. Jahrhunderts hat sich schließlich die Erkenntnis durchgesetzt, dass die Erbanlagen eine notwendige Voraussetzung zur Bildung bestimmter Persönlichkeits-Merkmale darstellen, die spezifischen Umweltbedingungen jedoch die Entwicklung und Nutzung der genetisch-veranlagten Potenziale beeinflussen.

Aus dem einstigen «Entweder-oder» ist heute ein «Sowohl-als-auch» geworden. Der langjährige Grundsatz-Streit ist damit weitgehend beigelegt. Nun steht die neue Frage im Raum, wie die **Interaktion** zwischen Genen und Umwelt abläuft. Folge ist, dass die **Mechanismen** menschlichen Verhaltens in den Blickpunkt des Interesses rücken. Dabei wird deutlich, dass in der Regel nach **einem** Mechanismus, nach **einer** Quelle gesucht wird, aus der das Verhalten von Menschen ursächlich und vollständig erklärt werden kann. Und dies möglichst für alle Menschen in gleicher Weise.

Doch der Beginn des 21. Jahrhunderts markiert auch eine Wende im Selbstverständnis der Wissenschaften: Immer mehr Forscher gelangen zu der Einsicht, dass bei der Betrachtung der Wirkungs-Mechanismen eine übertriebene Reduzierung auf nur wenige Einfluss-Faktoren («Reduktionismus») oder gar die Annahme einer Monokausalität den komplexen Steuerungsvorgängen eines offenen Systems, wie es der Mensch darstellt, nicht gerecht werden kann. So konzentrieren sich nun die wissenschaftlichen Anstrengungen immer stärker auf die Erforschung der Zusammenhänge im «psychosomatischen Netzwerk Mensch». [1]

Die wissenschaftlichen Erkenntnisse zeigen, dass es prinzipiell nicht möglich ist, ein (komplexes) System aus sich selbst heraus vollständig und widerspruchsfrei zu beschreiben («Gödelsches Unvollständigkeits-Theorem»). [2], [59]

Ein Beispiel für ein System von hoher Komplexität ist das menschliche Gehirn: Es besteht aus über 100 Milliarden Nervenzellen (Neuronen). Die Fortsätze dieser Nervenzellen – Axone und Dendriten – haben eine Gesamtlänge von mehr als einer halben Million Kilometer und sind mit 100 bis 500 Billionen «Schaltern» (Synapsen) verbunden. **Dieses komplexe System beruht jedoch – wie auch das gesamte psychosomatische Netzwerk – auf im Grunde klaren und leicht zu verstehenden Grundprinzipien.**

In der Alltags-Praxis wird man z.B. die Funktionsweise seines Autos oder Fernsehers verstehen und damit diese Geräte auch nutzen können. Doch nur wenige können sich im Detail vorstellen, was während der normalen Funktion in diesen Geräten abläuft. Entsprechend kann man auch die Funktionsweise des Gehirns sehen [3]:

In den letzten Jahren konnten durch die ständige Verbesserung der technischen Möglichkeiten zur Untersuchung des Gehirns (z. B. Computer-Auswertungen von Hirnströmen, Wärme-Szintigraphie, funktionelle Magnet-Resonanz-Tomographie oder Positronen-Emissions-Tomographie) die Erkenntnisse zu grundlegenden Funktions-Prinzipien und Mechanismen des menschlichen Gehirns abgesichert werden.

Neue Erkenntnisse der Neuro-Wissenschaften, Molekular-Biologie und Verhaltens-Genetik haben zusätzliche Bestätigungen dieser Prinzipien gebracht: Die Expression der Gene, also die Ausprägung bzw. Realisierung der genetischen Information, ist auch Basis der Entwicklung des Gehirns und seiner Funktionsweise.

Diese mit der funktionalen Struktur des Gehirns verbundenen Prinzipien und Mechanismen – und damit auch die Grundlagen der Biostruktur-Analyse – in einer komprimierten Form darzustellen, ist das zentrale Anliegen dieses Buches. Darüber hinaus werden daraus resultierende Konsequenzen für die **Entwicklung** der menschlichen Persönlichkeit beschrieben:

Vor dem Hintergrund des Behaviorismus wurden jahrzehntelang Erwartungen geweckt, die über die realen Entwicklungsmöglichkeiten von Menschen völlig hinweggingen. Und noch heute ist es ein zentrales Problem z. B. vieler Trainings-Methoden, dass sie – mehr oder weniger – eine «völlige» Veränderbarkeit von Persönlichkeits-Merkmalen und Verhaltensweisen voraussetzen: «Wir huldigen als Trainer noch allzu oft einem grenzenlosen Behaviorismus. Alles ist machbar, alles ist veränderbar, alles an- und wegtrainierbar. Mit den bekannten Resultaten: frustrierte Teilnehmer, frustrierte Auftraggeber und letztlich auch frustrierte Trainer, die mit durchaus guten Methoden, noch mehr gutem Willen und viel Energie auf die falsche Basis setzen», so Peter Schmitt, langjähriger Präsident und Vize-Präsident (Training) des BDVT - Berufsverband der Verkaufsförderer und Trainer. [4]

Eine grundlegende Voraussetzung, mit Menschen in Training und Beratung realistisch, wirkungsvoll und sinnvoll zu arbeiten und ihnen zu helfen, ihre individuellen Chancen und Potenziale optimal weiterzuentwickeln, ist die Kenntnis, welche Persönlichkeits-Merkmale und Verhaltensweisen problemlos und bleibend veränderbar sind und welche nicht.

Es geht nun nicht darum, jede menschliche Handlung einer unabänderlichen und unbeeinflussbaren Macht der Gene zuzuschreiben. Dieses Buch will vielmehr verständlich und dadurch in einer manchmal etwas **vereinfachenden Form** auch aufzeigen, wie genetisch vorgegebene Dispositionen im Sinne einer unveränderbaren Grundstruktur der Persönlichkeit eines Menschen mit den situativen Umwelt-Einflüssen zusammenwirken. Die neuen Erkenntnisse aus «Forschung und Wissenschaft» bilden hierzu eine wesentliche und erweiterte Grundlage.

Zentrale Bedeutung bei der «Evolution» der Persönlichkeit hat – als Mittler zwischen Anlage und Umwelt – die genetisch-veranlagte Biostruktur.

Zum Abschluss dieser Einleitung möchte ich noch meinen Dank aussprechen: Zunächst an den verstorbenen Rolf W. Schirm, beratender Anthropologe und Hirnforscher sowie Begründer der Biostruktur-Analyse, ohne dessen einzigartige Arbeiten dieses Buch nicht entstanden wäre. Besonderen Dank auch an den System-Forscher Reinhard Steffens, der durch sein profundes Wissen in den anthropologischen Wissenschaften in enger Zusammenarbeit mit mir wichtige Aspekte zu diesem Buch beigesteuert hat.

Dann bedanke ich mich bei dem Diplom-Kulturwirt Dr. Christoph Barmeyer, dem Diplom-Mikrobiologen Dr. Cem Gegin, dem Diplom-Psychologen und Psychotherapeuten Professor Dr. Gerhard F. Graf sowie Dr. med. Thomas Weitz für die kritische Durchsicht des Manuskriptes und ihre wertvollen Hinweise.

Und schließlich meinen Dank an meine Frau Sonia Schoemen-Keukert, vor allem auch für ihr Verständnis, dass ich an manchen Urlaubstagen an diesem Buch gearbeitet habe!

Juergen Schoemen

Vorwort zur 11. Auflage

Auch diese Auflage war für mich als Autor wieder Anlass und Verpflichtung zugleich, die wachsende Zahl von Veröffentlichungen über aktuelle Forschungsergebnisse in den anthropologischen Disziplinen zu sichten und im Hinblick auf ihre Relevanz für die Biostruktur-Analyse zu überprüfen. Dabei wurde deutlich, dass das Konzept der Biostruktur-Analyse weitere Bestätigungen erfährt. Soweit diese Forschungsarbeiten die Ausführungen im Grundlagenband zusätzlich stützen, wurden sie in der neuen Auflage zitiert, oder es wurden die entsprechenden Texte ergänzt.

Viele Forschungsprojekte, insbesondere in den Neurowissenschaften, befassen sich mit der Betrachtung einzelner prozessualer Vorgänge bzw. mit Einzelaspekten des Gehirns. Daraus entsteht dann eine Vielzahl von Einzelerkenntnissen, die zuweilen widersprüchlich erscheinen und bis dato gültige Auffassungen ersetzen. In einer Gesamtbetrachtung unter Berücksichtigung der **individuellen Differenzierung** lösen sich derartige Widersprüche im Allgemeinen auf. Hier zeigt sich, dass das Konzept der individuellen Biostruktur und der Biostruktur-Analyse, das auf der **funktionalen Struktur des Gehirns** aufbaut und dessen Aussagen sich auf die **Grundmuster des Verhaltens** beziehen, auch weiterhin eine verlässliche Basis für die Persönlichkeits-Entwicklung darstellt.

Auch die praktische Anwendung der Biostruktur-Analyse wird nachdrücklich bestätigt: So ist nach einer weltweiten Studie der London Business School neben professionellem Know-how in der heutigen Zeit **«Selbstkenntnis»** der wichtigste Faktor für eine Management-Karriere. Eine umfangreiche Befragung führender Unternehmen in Deutschland hat ergeben, dass **«Menschenkenntnis»** ebenfalls zu den unverzichtbaren Qualitäten im Berufsleben gehört. [5] Die Biostruktur-Analyse mit dem Structogram zur Selbstkenntnis und dem Triogram zur Menschenkenntnis bietet hier nach wie vor einen praxisbewährten und höchst effizienten Weg!

Frankfurt am Main, im September 2004

Der Weg zum Menschen

Der Anthropologe Edgar Morin schreibt:

«Wir wissen alle, dass wir Tiere sind, die zur Klasse der Säugetiere, zur Ordnung der Primaten, zur Familie der Hominiden, zur Gattung homo, *zur Art* sapiens *gehören; wir wissen, dass unser Körper aus dreißig Milliarden Zellen besteht und von einem genetischen System erschaffen und gesteuert wird, das sich im Laufe einer natürlichen Evolution herausgebildet hat, die sich über zwei bis drei Milliarden Jahre erstreckt. Diese Erkenntnis ist jedoch wirkungslos geblieben.*

Herabgestiegen von jenem Stammbaum in den Tropen, auf dem unsere Vorfahren lebten, sind wir davon überzeugt, dass wir ihm auf alle Zeiten entronnen sind und dass wir uns außerhalb der Natur das selbstständige Reich der Kultur errichtet haben. Die menschliche Natur wird auf etwas reduziert, von dem der Mensch sich befreit hat. Aber gehört nicht zur Natur die Evolution, die erst zum Menschen führt?» [6]

Die erste Stufe

Vor mehr als 3 1/2 Milliarden Jahren entstand Leben auf unserer Erde. Fast drei Milliarden Jahre lang beschränkte sich dieses Leben auf einzellige Organismen im Ur-Meer. Erst vor etwa 600 Millionen Jahren bildeten sich mehrzellige Tiere.

Vor 500 Millionen Jahren entwickelten Fische ein inneres Skelett. Die Wirbelsäule wurde von da an zum Bauprinzip der weiteren Entwicklung. Sie gab schon den Fischen so viel Halt, dass einige Arten, dem Pflanzen-Bewuchs folgend, aus dem Meer an Land kriechen konnten.

Vor 400 Millionen Jahren gab es bereits Amphibien, die mit Gliedmaßen statt Flossen und Lungen statt Kiemen dem Leben an Land angepasst waren.

Vor 300 Millionen Jahren nahmen dann die Reptilien durch ihre bessere Ausstattung an Körperkraft und Hirnleistung das Festland endgültig in Besitz. Mit ihren vielfältigen Arten, bis zu den Riesenformen der Saurier, waren sie über 200 Millionen Jahre die dominierende Tierart der Erde.

Aus dem Meer bis zu den Reptilien

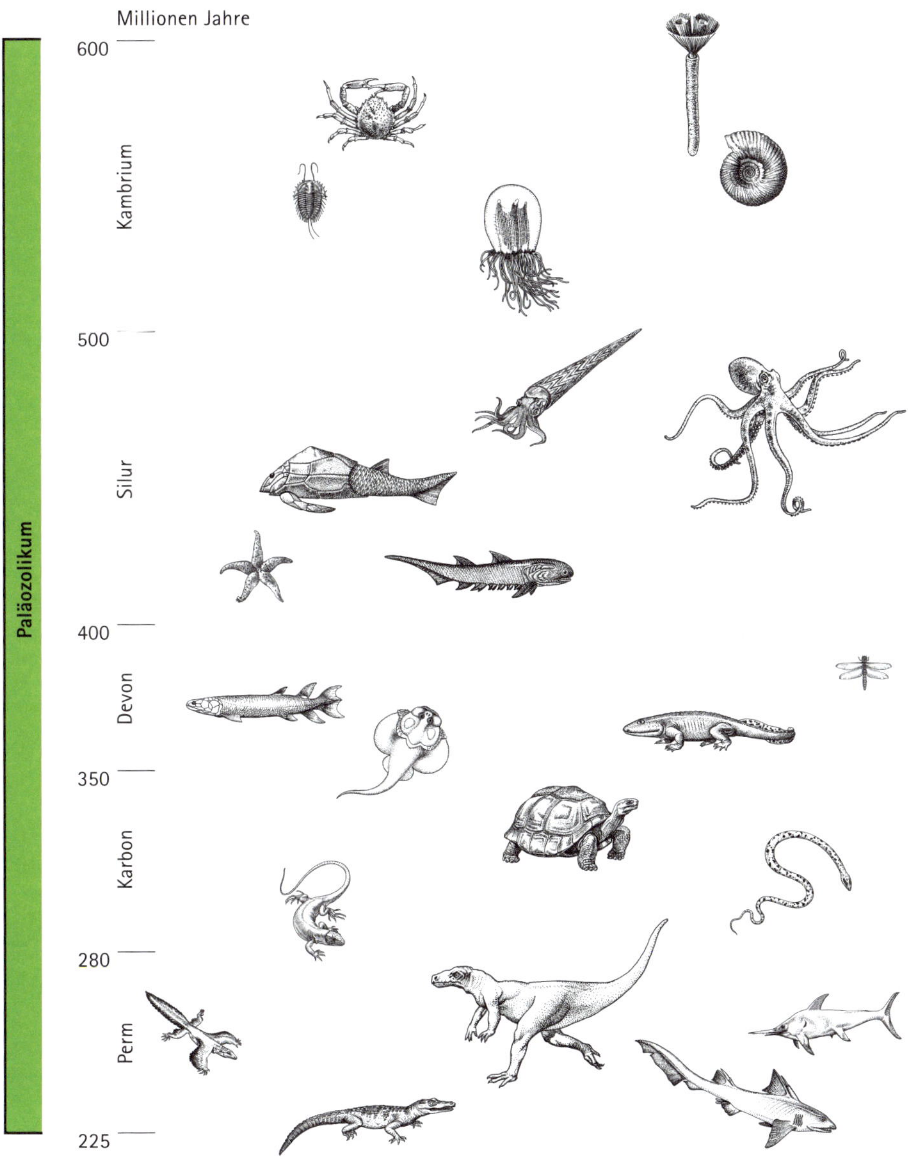

Die zweite Stufe

Schon zur Zeit der Saurier gab es eine neue Art von Tieren, die ihre Körpertemperatur regeln konnten, ihre Jungen lebend zur Welt brachten und mit ihrer Milch ernährten – die Säugetiere. Sie blieben aber zunächst unscheinbar im Schatten der herrschenden Saurier.

Erst als die Saurier – vermutlich durch eine Naturkatastrophe – vor 65 Millionen Jahren ausstarben, nutzten die Säugetiere ihre Chance und besetzten die frei gewordenen Nischen.

Seitdem bilden die Säugetiere – zu denen ja auch der Mensch gehört – die herrschende Klasse auf der Erde.

Auf den auseinanderdriftenden Kontinenten verbreiteten sich die Säugetiere rasch und bildeten zahlreiche Arten: Jagd-Tiere wie Herden-Tiere, auch Riesenformen wie das Mammut, die zum Teil wieder ausstarben.

Mit der Vermehrung der Säugetiere wurde der Kampf um das Überleben immer heftiger und erbitterter und mit immer wirksameren Waffen für Angriff und Verteidigung geführt.

Die frühen Säugetiere

Die dritte Stufe

Bereits vor 60 Millionen Jahren entzog sich eine Art der Säugetiere, die sich später zu den «Primaten», den «Herrentieren» entwickelte, dem Wettlauf um das Überleben durch Ausweichen in die Baumwipfel.

Das Leben im schwankenden Gewirr der Äste erforderte ganz neue Voraussetzungen: Zum perspektivischen, tiefenscharfen Sehen mussten die Augen von den Seiten zur Front des Kopfes rücken. Für sicheren Halt in den Baumkronen mussten aus Klauen Greifhände werden.

Mit diesen neu entwickelten Fähigkeiten wagten sich einige Primaten vor etwa 14 Millionen Jahren wieder aus dem Schutz des Waldes hinaus in die «Jagdgründe» der Savanne.

Die Entwicklung des aufrechten Ganges bot Überblick und machte die Greifhand frei für den Gebrauch von Werkzeugen und Waffen.

So begann der Weg zu den «Hominiden» den «menschenartigen» Lebewesen, bis vor mehr als drei Millionen Jahren der Mensch selbst als Jäger, Sammler und Nutzer technischer Fertigkeiten sich aufmachte, die Herrschaft über die Erde anzutreten.

Von den Primaten zum Menschen

Die «Verwandtschaft»

Es war also ein sehr langer Weg, den die Evolution zurücklegen musste, um vom Einzeller zum Menschen zu gelangen. Man darf diesen Weg aber nicht linear als ständigen «Fortschritt» sehen.

Man muss verstehen, dass der Mensch ebenso wenig vom Affen «abstammt», wie etwa die Säugetiere von den Tintenfischen «abstammen», nur weil beide irgendwann einmal einen gemeinsamen Vorfahren hatten.

Lange Zeit war man bei der Ermittlung von Abstammungs-Verwandtschaften auf anatomische Ähnlichkeiten angewiesen. Heute ermöglicht es die Molekular-Biologie, den Unterschied zwischen zwei Tieren mit großer Genauigkeit zu messen: Die Zahl unterschiedlicher «Wörter» in vergleichbaren «Sätzen» ihrer genetischen Information ist ein Maß ihrer Verschiedenartigkeit, die sie von gemeinsamen Vorfahren trennt.

Das Bild zeigt einen solchen Evolutions-Baum, der die «Verwandtschaft» einiger Tierarten vom Blickpunkt der Molekular-Biologie deutlich erkennen lässt.

Ein Familienbaum des Lebens

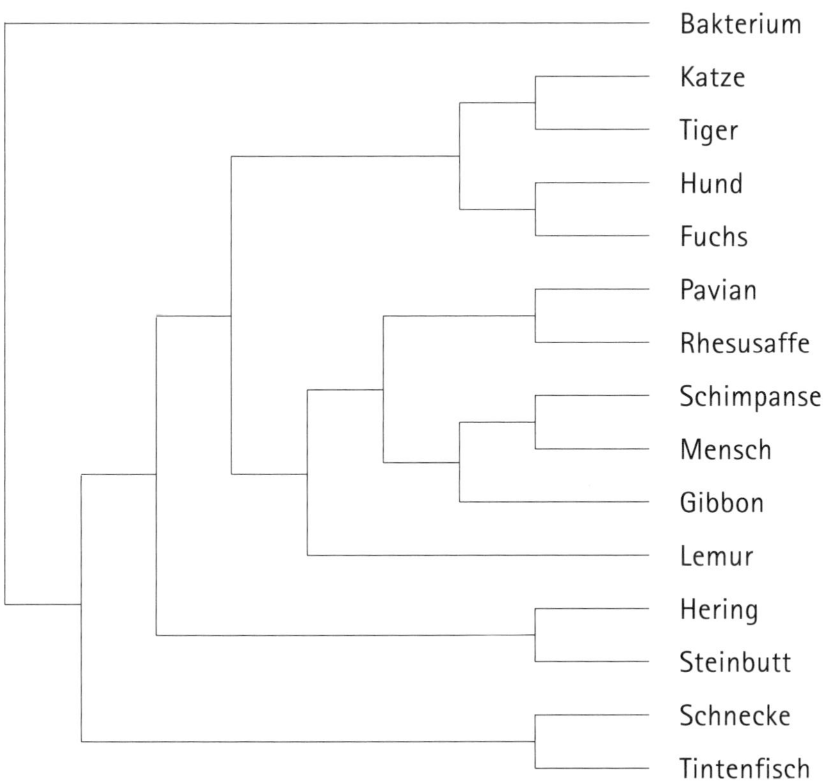

Nach DAWKINS, Richard: Der blinde Uhrmacher, München 1987

Embryos – Zeugen der Evolution

Ein weiterer Beweis für unsere Verwandtschaft zu früheren Formen des Lebendigen liegt in der Tatsache, dass wir den langen Weg der Evolution vor unserer Geburt als Embryo, gewissermaßen im Zeitraffer, noch einmal durchlaufen müssen.

Die Embryos von Wirbeltieren zeigen in frühesten Entwicklungsstadien noch keinen erkennbaren Unterschied zwischen den einzelnen Arten.

Zum Beispiel bilden sich im Menschen-Embryo im Alter von fünf Wochen Kiemenbögen mit den dazugehörigen Arterien, genau wie bei einem Fisch.

Das bedeutet nicht, dass der Mensch im Alter von fünf Wochen «ein Fisch ist», aber doch, dass er Stadien durchläuft, die dem Organisations-Schema früherer Evolutionsformen entsprechen.

Erst nach mehr als zwei Monaten der Entwicklung eines Embryos ist seine Eigenart so differenziert, dass man deutlich erkennen kann, auf welches genetische Ziel hin er von vornherein angelegt war.

Die Evolution des Verhaltens

Kaum jemandem würde es heute einfallen, im Bereich der Anatomie und Physiologie Verwandtschaften zwischen Mensch und Tier und deren genetischen Ursprung abzustreiten.

Dagegen stößt die Feststellung, dass auch das Verhalten des Menschen auf stammesgeschichtlich entstandenen und genetisch-fixierten «Programmen» beruht, oft noch auf Unglauben oder Ablehnung.

Dabei bietet der heutige Wissensstand keine Möglichkeit mehr, so zu tun, als habe sich allein das Verhalten von der Mitbestimmung der Gene emanzipiert. Es geht dabei nicht um Analogien zwischen tierischem und menschlichem Verhalten, sondern um die grundsätzliche Erkenntnis, dass auch das menschliche Verhalten ebenso durch die Evolution geformt wurde, wie die menschliche Anatomie.

Wir müssen daher versuchen, die «Spielregeln» menschlichen Verhaltens unter dem Gesichtspunkt der Evolution neu und besser zu verstehen. **Das macht es zwingend notwendig, sich mit jenem Organ zu beschäftigen, das die Brücke zwischen dem Körperlichen und dem Verhalten schlägt: mit dem Gehirn.**

Die Evolution des Gehirns

Der amerikanische Hirnforscher Paul D. MacLean, Direktor des Instituts für Hirn- und Verhaltensforschung am NIMH – National Institute of Mental Health, dessen Lebenswerk die Erforschung der evolutions-biologischen Grundlagen und Wirkungs-Mechanismen des Gehirns war, schreibt:

«Es ist heute allgemein bekannt, dass es bei allen Lebewesen im genetischen Code, in Enzym-Reaktionen usw. molekulare Gemeinsamkeiten gibt, die sich bis in komplexe Zellverbände erstrecken. Nirgendwo sind diese Gemeinsamkeiten auffälliger als in der Gehirn-Entwicklung der Säugetiere.»

«In seiner Entwicklung in der Evolution hat sich das menschliche Gehirn aus drei grundlegenden Formationen aufgebaut, die anatomisch wie biochemisch eine Abstammungs-Verwandtschaft mit den Reptilien und den frühen und späten Säugetieren erkennen lassen.»

«Diese evolutionäre Sicht hat den Vorteil, dass sich die Möglichkeit bietet, die Entwicklung von Millionen Jahren in eine Zeitspanne zu projizieren, die man gleichzeitig überblicken kann und dadurch Trends aufzudecken, die sonst nicht offensichtlich wären.» [7]

Die Macht des Gehirns

«Ich glaube, dass das Gehirn eine sehr große Macht im Menschen besitzt...»

Die Menschen müssen ferner wissen, dass von nirgendwo anders her Freude und Frohsinn, Lachen und Scherzen kommen als daher, woher auch Trauer und Kummer, Missmut und Weinen herrühren.

Durch dieses Organ denken, sehen, hören und beurteilen wir das Hässliche und Schöne, das Schlechte und Gute, das Angenehme und Unangenehme...

Durch eben dieses Organ geraten wir aber auch außer uns, treten Ängste und Schrecken an uns heran, ebenso Träume, unzeitige Irrtümer, unbegründete Sorgen...

Das Gehirn verstehen heißt, die Natur des Menschen verstehen.»

Hippokrates: Corpus Hippocraticum, 435 v. Chr.

«Das Gehirn verstehen?»

«Das Gehirn besser zu verstehen, um den Menschen besser zu verstehen»: Ist diese Forderung des Hippokrates denn für uns überhaupt erfüllbar?

Es ist nicht notwendig, das Gehirn völlig zu verstehen. Wir müssen nur Ordnungen und Funktions-Prinzipien entdecken, die uns einen Schlüssel bieten, menschliches Verhalten zu erklären und die nicht ausschließlich die – oft überbetonten – kognitiven Prozesse des Gehirns berücksichtigen.

Eine solche Ordnung im Gehirn, die hilft, den Menschen zu verstehen, entdeckte MacLean. Dabei gibt es Parallelen zu Hippokrates über 2 $^1/_2$ Jahrtausende hinweg.

Hippokrates gewann wesentliche Einsichten über die Bedeutung des Gehirns aus dem Studium der «Heiligen Krankheit», wie die Epilepsie damals genannt wurde. Auch MacLean meint: «Die Epilepsie... ist eines jener Experimente der Natur, die einem mehr darüber sagen, was im menschlichen Gehirn vorgeht, als viele klinische Untersuchungen.»

Den Emotionen auf der Spur

Hippokrates gab dem Gehirn «große Macht», besonders auch über die Emotionen wie Freude und Schmerz, Lust und Trauer. Um die Emotionen ging es auch MacLean.

In einem tiefliegenden Hirnbereich, dem zuvor als «Rhinencephalon» («Riech-Hirn») nur eine untergeordnete Rolle zugewiesen war, entdeckte er den Ursprung der Emotionen und erkannte ihre entscheidende Bedeutung für das Überleben des Einzelnen und der Art.

Nach seinem Vorschlag wird dieser Bereich seitdem als «Limbisches System» bezeichnet, weil er als eine Art Randzone (lat. limbus) alte Regionen des Gehirns gegen neue abgrenzt.

Angeregt durch seine Ergebnisse bei der Erforschung der Emotionen widmete sich MacLean in seinen Forschungen den «primitiven» Bereichen des Gehirns, denen man bis zu seinen Arbeiten – außer einfachen motorischen Reaktionen – keine besonderen Funktionen zugeschrieben hatte.

Zurück zu den «Instinkten»

Entschlossen, die Wurzeln zu finden, aus denen die «Instinkte» stammen, begann MacLean ein Forschungs-Projekt, das ihn über 200 Millionen Jahre zurück in eine Vorzeit führen sollte, in der Reptilien die Erde beherrschten.

In der Entwicklungs-Geschichte der Arten wurden ältere Teile des Gehirns nicht einfach durch neuere ersetzt, sondern «man muss sich vorstellen, dass sich das Gehirn etwa so entwickelte, wie ein Gebäude, zu dem man neue Flügel und neue Stockwerke hinzufügt, dabei aber die Aufgaben der alten Teile erhält.»

MacLean erforschte nun die «Grundmauern». In den Basal-Ganglien fand er einen Teil, der sich seit der Zeit der Reptilien nicht wesentlich verändert hat: das «neurale Chassis», den «R-Komplex» («Reptilien-Gehirn»), Sitz wesentlicher Überlebens-Programme, die wir als «Instinkte» bezeichnen.

Das «drei-einige Gehirn»

Wir haben es beim menschlichen Gehirn nicht mit einem einzigen Organ zu tun, sondern tatsächlich mit drei Gehirnen!

Dieser überraschende Schlüssel zum besseren Verständnis des Menschen ist das Ergebnis der Arbeiten von MacLean. Sein Konzept vom «drei-einigen Gehirn» («Triune Brain»), als das es in der Fachwelt bekannt wurde, erklärt er mit eigenen Worten so: «Im Laufe der Evolution hat sich das menschliche Gehirn zu außerordentlicher Größe entwickelt, dabei aber die grundsätzlichen Eigenarten von drei Nerven-Formationen beibehalten, die unsere Verwandtschaft mit den Reptilien, den frühen Säugetieren und den Primaten bzw. den späten Säugetieren zeigen. Völlig verschieden in Aufbau und Funktion und vom Standpunkt der Evolution unzählige Generationen voneinander entfernt, bilden diese drei Formationen eine Hierarchie von drei Gehirnen in einem, kurz ausgedrückt: ein «drei-einiges Gehirn».

«Populär kann man diese drei Gehirne als drei biologische Computer betrachten, von denen jeder seine eigene Intelligenz, seine eigene Zeitvorstellung, sein eigenes Gedächtnis und andere ihm eigene Funktionen hat.» [8]

Es ist bemerkenswert, dass MacLean – aufbauend auf den Arbeiten von James W. Papez – schon in den 70er- und 80er-Jahren des vergangenen Jahrhunderts über seinen evolutionsbiologischen Ansatz zu Erkenntnissen gelangt ist, die heute durch die Neuro-Biologie auf internationaler Ebene bestätigt werden. Dabei spielt für die individuelle Differenzierung sowie für die von MacLean erforschte funktionale Struktur des Gehirns und der Persönlichkeit vor allem die genetisch-veranlagte Homöostase spezifischer Neurotransmitter eine entscheidende Rolle (siehe auch Seite 98 ff.).

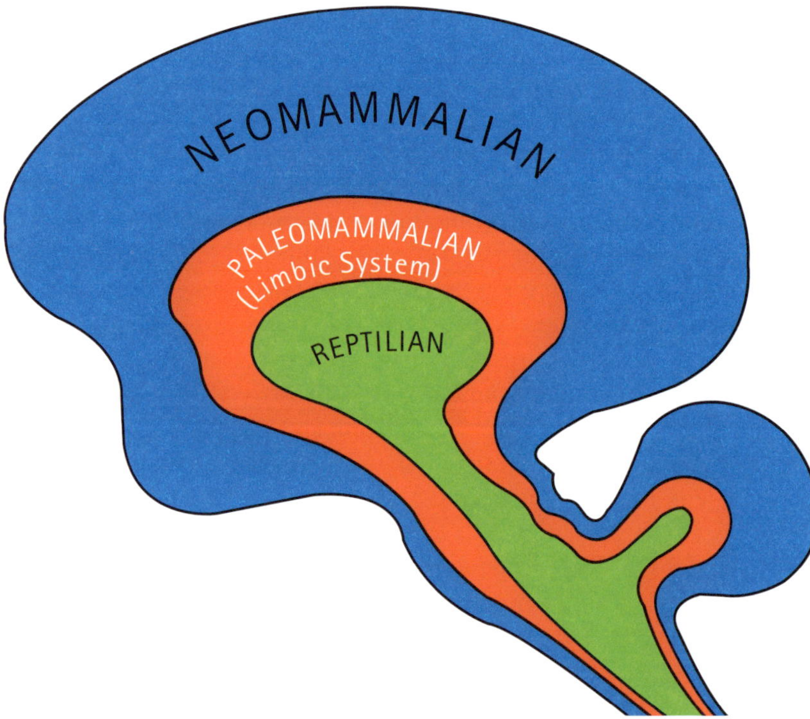

Schematische Darstellung nach
MACLEAN, Paul D.: The Brain in Relation to Empathy, J. N. a. M. Disease, Vol. 144, 1967

Die drei Gehirne

Man darf die Drei-Teilung des Gehirns nicht nur als eine Hypothese sehen, sondern man muss sie sehr wörtlich nehmen: Unser Gehirn hat tatsächlich drei «Stockwerke» mit drei verschiedenen Nerven-Formationen, die klar voneinander abgegrenzt sind, sich allerdings gegenseitig auf äußerst diffizile Weise beeinflussen und sich funktional ergänzen.

MacLean sagt dazu: «Die von mir vorgeschlagene Einteilung mag zwar sehr vereinfachend erscheinen. Es ist und bleibt aber eine Tatsache, dass die drei grundsätzlichen Formationen für jeden erkennbar vorhanden sind und dank der ständigen Verfeinerung der anatomischen, physiologischen und chemischen Untersuchungs-Techniken sich heute klarer abzeichnen als je zuvor.»

Die drei Gehirne sind zwar «von Anfang an» prädisponiert, sie haben aber erst im Laufe der Evolution ihre unterschiedlichen Funktionen entwickelt. MacLean gebraucht dazu das Bild des dreifachen Ballons, dessen Teile sich beim Aufblasen nacheinander «ausformen».

Durch seine überzeugende Einfachheit bietet das Konzept der drei Gehirne gerade auch für den «Praktiker» völlig neue Erklärungsmöglichkeiten für das Verhalten des Menschen in der oft widerspruchsvollen Mischung von Gefühl, Emotion und Vernunft – und damit im Sinne des Hippokrates ein besseres Verständnis für die «menschliche Natur».

Nachfolgend werden die drei Gehirne mit ihren Eigenarten und «Zuständigkeiten» im Einzelnen näher beschrieben.

Das Stammhirn (Reptilien-Gehirn)

Das Stammhirn ist das älteste der drei Gehirne. Seine Entwicklung reicht über 250 Millionen Jahre zurück, also bis in eine Zeit, als die Reptilien die Erde beherrschten.

MacLean nennt es deshalb auch das «Reptilien-Gehirn» oder kurz den «R-Komplex».

Das Stammhirn

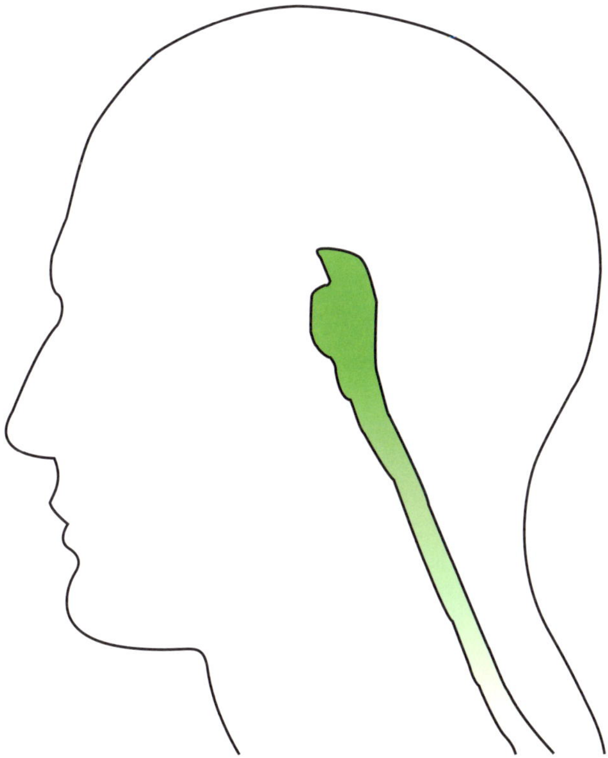

Aufgabe: Selbsterhaltung

Leben ist ein zu komplizierter Vorgang, um seine Grundlagen immer wieder neu durch Versuch und Irrtum auszuprobieren.

Daher entwickelten die Wirbeltiere in der Evolution ein «Organsystem», das die wesentlichen Erfahrungen in der Kunst des Überlebens festhält: Das Stammhirn, das älteste Gehirn.

Dieses «biologische» Gehirn, wie es der Psychiater A. H. Esser nennt, bestimmt seit Hunderten von Jahrmillionen nicht nur lebenswichtige Körpervorgänge wie Atmung, Kreislauf und Stoffwechsel, sondern auch Grundmuster des Verhaltens, die helfen, das Überleben zu sichern: Die Gefühle «Hunger» und «Durst» z. B. lösen Programme der Selbsterhaltung aus.

Die biologischen Programme des Stammhirns erhalten nicht nur das Leben des Einzelnen, sondern auch den Fortbestand der Art. Daher finden sich hier auch die Programme, die durch Partnersuche und «Werbung» zur Fortpflanzung führen.

Aus unserer sogenannten «vernünftigen» Sicht bezeichnen wir die Überlebens-Programme aus dem Erfahrungs-Speicher des Stammhirns meist als «niedere Triebe» und «Instinkte».

Zeitbezug: Vergangenheit

Die «Zeit-Welt» des Stammhirns ist vergangenheits-orientiert. Schließlich ist es ja seine Aufgabe, die Erfahrungen von Jahrmillionen sicher festzuhalten und zu bewahren.

Daher orientiert sich das Stammhirn bei der Steuerung des Verhaltens vorwiegend an «Präzedenzfällen» aus seinem Erfahrungs-Speicher.

Diese Abhängigkeit von «Erfahrungen» macht es dem Stammhirn auch schwer, mit neuen Situationen fertig zu werden. Alles Ungewöhnliche und Neuartige «passt nicht in seine Programme» und wirkt daher eher irritierend.

Das «Gewohnheitstier» im Menschen ist also im Stammhirn zu Hause. Hier werden alltägliche Handlungen zu «automatischen» Routinen – wodurch das Leben erleichtert wird.

Das Stammhirn schafft Traditionen, in denen es Sicherheit findet. Die Rituale aller Religionen haben hier ebenso ihren Ursprung, wie jedes weltliche Zeremoniell – vom persönlichen Begrüßungs-Ritual bis zum politischen Protokoll.

Soziale Beziehung: Die Menge

In der Menge ist der Einzelne sicherer; das ist eine sehr alte Erfahrung. Die Menge schützt aber nur Gleichartige; das Stammhirn überprüft daher Lebewesen auf Merkmale der Gleichartigkeit.

Unter Artgleichen ist man geborgen; ihr Verhalten möglichst zu imitieren, nicht von der Mehrheit abzustechen, bringt das höchste Maß an Sicherheit. Jede Abweichung von der arteigenen Norm bedeutet Unsicherheit und Abstoßung – und damit Risiken für das Überleben.

Diese Erfahrung aus Millionen von Jahren gilt auch beim «zivilisierten» Menschen.

Jedes Streben nach «Gleichheit» entspricht dem Weltbild des Stammhirns: Durch Herausstellen der Gemeinsamkeit wächst die Sicherheit in der Menge.

Bemalung und Kopfschmuck bei «Primitiven» haben im Grunde die gleiche Funktion wie Uniformen bei uns «Kultivierten»: Sie sollen die Zugehörigkeit zu einer Art äußerlich für jeden anderen deutlich machen. Auch die Befolgung modischer Trends – ob Nadelstreifen oder Turnschuhe – gibt dem Träger solcher Kennzeichen das Gefühl, «dazuzugehören».

Anspruch: Territorium

Zu den Bedingungen des Überlebens gehört es offenbar auch von jeher, ein bestimmtes «Territorium» auszuwählen, darauf einen Besitzanspruch zu erheben und es dann auch zu verteidigen – sei es ein begrenztes Revier, sei es ein Bau, ein Nest, eine Höhle oder irgend ein anderer Platz, den man für sich in Anspruch nimmt.

Auch diese frühen Instinkt-Programme sind in unserer Zeit noch lebendig: Der Zaun um den Vorgarten, die Strandburg im Urlaub, der Stammplatz im Lokal, der reservierte Parkplatz – das sind «Territorien», die nach den Regeln des Stammhirns besetzt und verteidigt werden.

Wenn z. B. eine Anolis-Echse – heute wie vor 200 Millionen Jahren – warnend ihren Kehlsack aufbläht, sobald ihr Territorium berührt wird, folgt sie dem gleichen Stammhirn-Programm wie ein Mensch unserer Tage, der ungehalten reagiert, wenn jemand auf «seinen» Rasen tritt, auf «seinem» Stammplatz sitzt oder ihm «seinen» Parkplatz wegnimmt.

Das Zwischenhirn (Limbisches System)

Das Zwischenhirn entwickelte sich erst später, als vor noch nicht 100 Millionen Jahren die Herrschaft der Reptilien zu Ende ging und eine neue Art von Lebewesen die Herrschaft über die Erde antrat: Die Säugetiere.

MacLean nennt deshalb das Zwischenhirn das «paläomammalische Gehirn», also das Gehirn der frühen Säugetiere.

Er prägte für dieses Gehirn auch die Bezeichnung «Limbisches System», weil seine komplexen Nerven-Apparate die Areale des Stammhirns wie eine Randzone (lat. limbus) gegen den späteren neuen Kortex abgrenzen.

Das Zwischenhirn (Limbisches System)

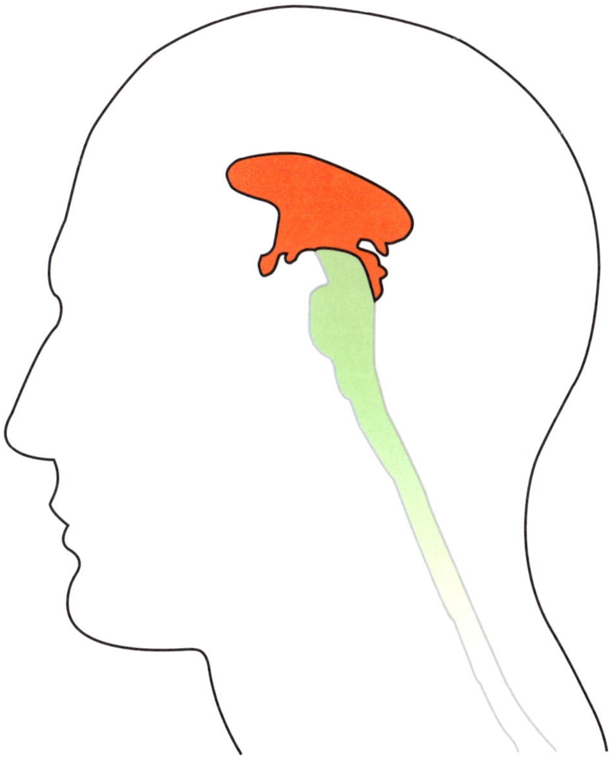

Aufgabe: Selbstbehauptung

In der Jagdgesellschaft der Säugetiere hängt das Überleben davon ab, Beute zu machen und nicht zur Beute zu werden. Dazu muss man sich behaupten können – sowohl gegen die Feinde von außen wie gegen die Rivalen der eigenen Art.

Die starren Programme des Stammhirns sind dafür nicht mehr ausreichend. Das Zwischenhirn macht es möglich, diese starre Bindung zu lockern, dem Verhalten mehr Spielraum zu geben.

Im Stammhirn löst ein bestimmter Reiz immer eine feste Handlungsfolge aus. Das Zwischenhirn bringt Variationen, indem es eine neue Reaktion hinzufügt: Es erzeugt «Emotionen».

Die Emotionen beladen jede Wahrnehmung zunächst mit einem «Vor-Urteil». Dabei gibt es keine Neutralität, sondern nur «positiv» oder «negativ», Anziehung oder Abstoßung, Freund oder Feind.

Das Verhalten verliert die starre «Automatik» des Stammhirns. Bei negativem «Vor-Urteil» bewegt es sich zwischen den Polen Angst oder Aggression – und damit zwischen Flucht oder Angriff.

Zeitbezug: Gegenwart

Die «Zeit-Welt» des Zwischenhirns ist gegenwarts-orientiert.

Die rasch wechselnden Situationen, wie sie die Jagdgesellschaft bringt, erfordern das blitzschnelle Erfassen der Erfordernisse des Augenblicks. Schnelles, impulsives Reagieren ist für Jäger wie Gejagte lebenswichtig.

Die Erfahrungen des Stammhirns aus lange zurückliegenden Zeiten müssen in der Jagdgesellschaft der Säugetiere ständig durch eigene, neue Erfahrungen aus der Gegenwart erweitert und ergänzt werden.

Auf der Stufe des Zwischenhirns entwickelt sich so zwangsläufig eine Fähigkeit individuellen Lernens. Schon die einfachsten Säugetiere sind in hohem Grad lernfähig – wie jede Labor-Ratte beweist.

Auch die neue Freude am «Spielen» hilft der Erweiterung der Erfahrung. So lassen sich neue Verhaltensmuster noch vor den Risiken des «Ernstfalls» spielerisch erproben und einüben.

Soziale Beziehung: Die Gruppe

Alle Säugetiere können lernen – und sie müssen auch lernen, denn sie sind für das Überleben durch ihre «mitgebrachten» Programme nicht mehr hinreichend ausgerüstet.

Während der Zeit des ersten Lernens braucht das noch junge Säugetier viel Schutz und Hilfe durch die Älteren. Es ist im Gegensatz zum Reptil, das «fertig» aus seinem Ei kriecht, noch unfertig und unerfahren.

Aus dieser Hilfsbedürftigkeit ergeben sich neue Sozial-Strukturen: Die bloße «Menge» der Stammhirn-Wesen ohne festgelegte «Verantwortlichkeiten» ist hier nicht mehr ausreichend.

Auf die Jungen aufzupassen, sie richtig anzuleiten, für Nahrung zu sorgen, Gefahren für alle abzuwehren – das erfordert eine Aufgabenteilung in den «Familien»-Gruppierungen.

Die Jagdgesellschaft beweist ständig – für die Jäger wie für die Gejagten – die Überlegenheit der Gemeinschaft, der organisierten Gruppierung gegenüber der bloßen «Menge».

Anspruch: Status

In organisierten Gruppierungen muss es klare «Spielregeln» geben: Wer in der Gruppe «das Sagen» hat und wer welche Aufgaben hat – das kann nicht vom Zufall abhängen, kann aber auch nicht jedes Mal neu durch Rangkämpfe geregelt werden.

Das Zusammenleben in Gruppen erzwingt hierarchische Strukturen. Wenn die Rangfolge einmal geklärt ist, treten Symbole der Dominanz oder Unterwerfung an die Stelle physischer Rangkämpfe. In einer hierarchischen Ordnung gehört das Erkennen des «Status» – bei Ranghohen wie Rangniederen – mit zur Überlebens-Kunst.

Alle «Status-Symbole» unserer Zeit, von der Automarke bis zur «guten Adresse», von der Einrichtung bis zur Kleidung, überhaupt der gesamte «Geltungs-Konsum», entstammen dem Anspruch des Zwischenhirns, hierarchische Ordnungen aufzubauen und diese deutlich zu kennzeichnen.

Die «Uniform» dient dem Stammhirn als Kennzeichen der Artzugehörigkeit. Die «Rangabzeichen» und die Orden daran dienen dem Bedürfnis des Zwischenhirns nach klaren Signalen für den Status.

Das Großhirn (Neokortex)

Das Großhirn ist in der Entwicklungsgeschichte das jüngste Gehirn. Es entstand bei den höheren Säugetieren und vergrößerte sich außerordentlich rasch bei der Entwicklung des Menschen.

MacLean nennt es das «neomammalische Gehirn», also das Gehirn der «neuen» (späten bzw. höheren) Säugetiere.

Es wird auch «Neokortex» genannt, also die «neue Hirnrinde», weil es als neuester Rindenbereich die älteren Hirnbereiche umschließt.

Das Großhirn

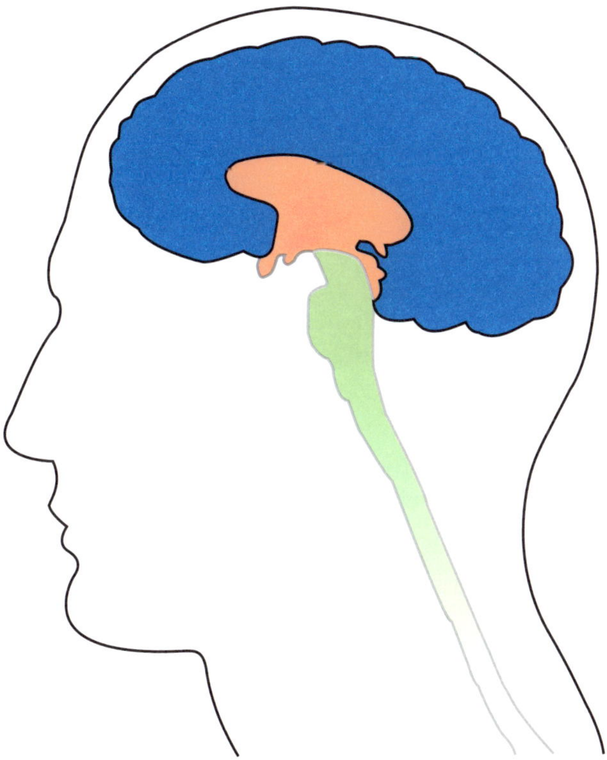

Aufgabe: Selbstbestimmung

Die beiden älteren Gehirne steuern das Verhalten durch ihre - «eingebauten» Programme: das Stammhirn durch «Gefühle und Instinkte», das Zwischenhirn durch «Emotionen», bei denen vor allem äußere Reize den «Anstoß» geben.

Das neue Großhirn nimmt die «Wirklichkeit», d. h. die Signale, die von außen auf es wirken, sehr viel differenzierter wahr und hat dadurch mehr Möglichkeiten zur «Selbstbestimmung» der Reaktion.

Das Zwischenhirn lebt nach einem einfachen dualen Weltbild. Es vermag nur «Freund» und «Feind» zu unterscheiden und kann daher nicht so stark differenzieren. Das Großhirn dagegen baut sich ein «Welt-Bild» im wörtlichen Sinne: Ein Bild der Welt im Gehirn. Mit Hilfe dieses «inneren Modells» steuert das Großhirn seine Aktionen und Reaktionen.

Beim Aufbau derartiger «Modell-Bilder» und bei der ständigen «Wahr-Nehmung» hat der optische Sinn die Leitfunktion. Das räumliche, perspektivische Sehen ist entscheidend für das Erkennen und das richtige Interpretieren unserer drei-dimensionalen Umwelt.

Zeitbezug: Zukunft

Ein Kennzeichen des Menschen ist es, dass er mit seinem Weltbild im Gehirn auch spielen und experimentieren kann. Er kann sich etwa Fragen stellen wie: «Muss alles so sein, wie es ist? Was wäre, wenn sich etwas verändert?»

Damit ergänzt sich die Zeit-Reihe: Das Stammhirn ist vergangenheits-orientiert, das Zwischenhirn gegenwarts-orientiert, das Großhirn zukunfts-orientiert. Nicht, dass das Großhirn in der Lage wäre, die Zukunft sicher vorherzusehen, aber es kann sich in Gedanken vorstellen, wie die Zukunft aussehen könnte.

Der Mensch kann planvoll handeln. Es ist ein Merkmal seiner Leistungen in Kunst, Technik oder Organisation, dass sie zuerst in Gehirnen erdacht und dann erst zu Wirklichkeiten wurden.

Allerdings bringt diese Fähigkeit, die Zukunft zu denken, etwas mit sich: Die Fähigkeit, sich Sorgen zu machen. Angst können auch niedere Tiere haben, sie ist eine Zwischenhirn-Reaktion, die z. B. durch Flucht dem Überleben dient. Die Furcht vor der Zukunft dagegen, diese Vor-Angst ohne konkrete Bedrohung, also die Sorgen, kennen nur hochentwickelte Säugetiere und damit auch der Mensch.

Soziale Beziehung: Das Individuum

In der Welt des Stammhirns liegt die Sicherheit in der Menge; in der Welt des Zwischenhirns liegt sie in der strukturierten Gruppe. Erst in der Welt des Großhirns entdeckt der Einzelne das Bedürfnis, seine Eigen-Art zu verwirklichen.

Sicherlich haben alle Lebewesen irgendeine Art von Bewusstsein. Aber ein «Selbst-Bewusstsein» in einem ganz wörtlichen Sinne, das die Einmaligkeit des «Ich», also den Unterschied zu allen anderen nur allzu deutlich empfindet – das ist eine besondere Eigenart der Großhirnrinde.

In der Entwicklung des Kindes, das ja die Entwicklung des Gehirns in allen Stufen durchlaufen muss, zeigt sich dieses «Selbst-Bewusstsein», wenn das Kind zum ersten Mal bewusst das Wort «Ich» gebraucht.

Der offensichtliche Widerstreit zwischen dem Wunsch des Großhirns nach Selbstverwirklichung und dem Wunsch der «alten» Gehirne nach Geborgenheit bzw. Sicherheit, kennzeichnet unsere Gesellschaft.

Anspruch: Wissen

Die sozialen Beziehungen in der neuen Welt des Großhirns werden auch durch neue Fähigkeiten der Kommunikation geprägt.

Die beiden «alten» Gehirne verfügen nicht über die Sprache. Sie können auch kommunizieren, aber mit non-verbalen Signalen, die bei uns auch heute noch, etwa in der «Körpersprache», eine wesentliche Rolle spielen.

Erst das Großhirn des Menschen verfügt über die Fähigkeit zur Kommunikation mit Symbolen in Sprache, Schrift und Bild.

Erst die Sprache macht es möglich, komplexe und abstrakte Inhalte als «Gedanken» zu formulieren und untereinander auszutauschen.

Bild und Schrift ermöglichen Speicherung außerhalb der Speicher des Gehirns und machen damit Wissen übertragbar – selbst über Generationen hinweg. Durch Sprache, Bild und Schrift erweitert sich der Umfang des Wissens, das dem Einzelnen zugänglich ist, mit der Zeit explosionsartig.

Das Zusammenwirken der drei Gehirne

Die drei Gehirne wirken zusammen, haben aber ihre Eigenarten behalten. Der von MacLean geprägte Begriff vom «drei-einigen Gehirn» drückt sowohl die Eigenständigkeit als auch zugleich die Einheit aus.

Damit haben wir ein Konzept, das uns in die Lage versetzt, menschliches Verhalten aus dem vielfältigen Zusammenspiel dreier eigenwilliger Hirnbereiche zu erschließen und zu erklären. Dieses Zusammenspiel ist nicht ohne besondere Probleme:

«Es gibt Generationen-Konflikte im Gehirn von jedem von uns. Sie sind uns im Allgemeinen nicht bewusst, aber sie zu erkennen, zu verstehen und mit ihnen zu leben, ist vielleicht entscheidender für unser menschenwürdiges Überleben, als sonst irgendetwas anderes» (MacLean).

Viel Widersprüchliches im Menschen – große Leistungen seines Denkens und oft sehr «unvernünftiges» Verhalten – wird dadurch als innerer Konflikt zwischen unterschiedlichen Instanzen innerhalb unseres Gehirns verständlich.

Das «drei-einige» Gehirn

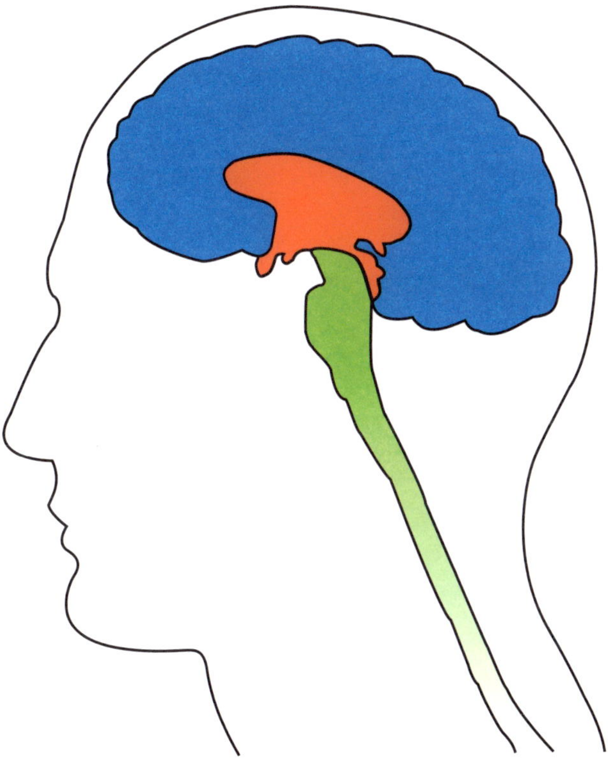

Wertfreiheit

MacLean beschreibt zwar die Gehirne und erklärt ihre Funktionen, aber er enthält sich jeglicher Bewertung, welches Gehirn das «wichtigste» sei, denn diese Frage wäre sinnlos:

- Ohne Stammhirn würden biologische Prozesse nicht lebenserhaltend geregelt.
- Ohne Zwischenhirn könnten wir zwar leben, würden aber ohne Antriebe nur dahinvegetieren.
- Ohne Großhirn blieben die Triebe ungezügelt, ein Leben ohne Plan – und ohne Gewissen.

Erst zusammen ergeben die drei Gehirne die Voraussetzung für menschliches Leben.

Die Überbewertung der «Ratio» in unserer «aufgeklärten» Zeit verführt allerdings oft dazu, die Funktionen unseres Großhirns gegenüber denen der älteren Gehirne sehr viel höher zu bewerten.

MacLean meint dazu: «Der Mensch betont so seine einzigartige Rolle als Wesen, das sprechen und schreiben kann, dass er, wie der Neureiche, der seine armen Verwandten verleugnet, seine animalische Herkunft nicht eingesteht.»

Übersicht über wesentliche Eigenarten der drei Gehirne

Das Stammhirn

Aufgabe:	Selbsterhaltung
Zeitbezug:	Vergangenheit
Sozial-Beziehung:	Die Menge
Anspruch:	Territorium

Das Zwischenhirn

Aufgabe:	Selbstbehauptung
Zeitbezug:	Gegenwart
Sozial-Beziehung:	Die Gruppe
Anspruch:	Status

Das Großhirn

Aufgabe:	Selbstbestimmung
Zeitbezug:	Zukunft
Sozial-Beziehung:	Das Individuum
Anspruch:	Wissen

Die Biostruktur-Analyse

Geleitwort von Paul D. MacLean

An interest in the brain requires no justification other than a curiosity to know why we are here, what we are doing here, and where we are going. In its evolution the human brain has expanded to a great size while retaining the basic features of three formations that reflect our ancestral relationship to reptiles, early mammals, and recent mammals. Radically different in structure and chemistry, and in an evolutionary sense countless generations apart, the three formations constitute a hierarchy of three-brains-in-one, a triune brain. This situation suggests that psychologically we are an amalgamation of three quite different mentalities. We have, so to speak, a mind of three minds. As a further complication, there is evidence that the two older mentalities lack the power of speech.

An anthropologist with deep insight into human behavior, Rolf W. Schirm is perhaps the first to recognize the potential of new knowledge about the brain to benefit workers at all levels of industry - providing greater understanding of human relationships and giving increased meaning to our lives.

Paul D. MacLean, M.D.
Chief, Laboratory of Brain Evolution
and Behavior
National Institute of Mental Health

Geleitwort (Übersetzung)

Ein Interesse am Gehirn braucht keine andere Rechtfertigung als die Wissbegierde zu erfahren, warum wir hier sind, was wir hier tun und wohin wir gehen. In seiner Entwicklung hat das menschliche Gehirn an Größe erheblich zugenommen, dabei aber die wesentlichen Züge von drei Formationen beibehalten, die unsere angestammte Verwandtschaft mit den Reptilien, den frühen und den späten Säugetieren widerspiegeln. Völlig verschieden in Aufbau und Chemie, und im Sinne der Evolution unzählige Generationen voneinander entfernt, bilden diese drei Formationen eine Hierarchie von drei Gehirnen in einem – ein drei-einiges Gehirn. Das bedeutet, dass wir psychologisch eine Verbindung dreier völlig verschiedener «Mentalitäten» sind. Wir haben sozusagen nicht einen Geist, sondern drei. Eine weitere Komplikation ergibt sich daraus, dass es den beiden älteren «Mentalitäten» ganz offensichtlich an der Fähigkeit zur sprachlichen Verständigung mangelt.

Als Anthropologe mit tiefen Einsichten in das menschliche Verhalten ist Rolf W. Schirm vielleicht der Erste, der erkannt hat, welche Möglichkeiten das neue Wissen über das Gehirn bietet, Menschen in allen Bereichen der Wirtschaft zu helfen, indem es ein besseres Verständnis menschlicher Beziehungen schafft und dem Leben mehr Sinn verleiht.

Professor Dr. Paul D. MacLean
Chef, Laboratory of Brain Evolution
and Behavior
National Institute of Mental Health

Von der Forschung zur Praxis

Bereits 1973 schrieb MacLean:

«Es ist meine feste Überzeugung, basierend auf dem Studium des Gehirns, dass eine weite Verbreitung des Wissens über grundlegende Hirnfunktionen und ihren Einfluss auf das Verhalten viel dazu beitragen könnte, dass Menschen mit sich und der Gesellschaft in größerer Harmonie leben.» [8]

An einer solchen «weiten Verbreitung des Wissens» fehlt es aber noch sehr. Zwischen dem, was die Forschung aufdeckt, und dem, was davon in der Praxis genutzt wird, klafft eine immer größer werdende Lücke.

Um einen Teil dieser Lücke zu schließen, wurden die wissenschaftlichen Erkenntnisse aus der Evolutions-Biologie und der Hirnforschung durch die Methodik der «Biostruktur-Analyse» in Werkzeuge für die Praxis umgesetzt.

Eigens dafür entwickelte Darstellungsmittel tragen zur einfachen und sicheren Anwendung bei.

Die Biostruktur des Gehirns

Um das Verhalten von Menschen zu verstehen und zu interpretieren, muss man die «Biostruktur» erkennen, nach der ihr Gehirn arbeitet.

MacLean hat in seinen Arbeiten gezeigt, dass die Biostruktur «drei-einig» ist, dass man also drei Gehirne beachten muss, die mit- und gegeneinander wirken; erst dann erhält man realistische Aussagen.

Wenn man dagegen im Menschen nur das «Großhirn-Wesen» sieht, wesentlich von der «Vernunft» gelenkt und von seinen «niederen Instinkten» aus der Entwicklung weit entfernt, kommt man zu falschen Schlussfolgerungen.

Wie man diese Vorstellung von «Vernunft» angesichts der Nachrichten nur eines Tages tatsächlich aufrechterhalten kann, ist nur sehr schwer zu verstehen. Konzepte in Politik und Wirtschaft, aber auch im Training, bauen jedoch überwiegend auf diese Annahme.

Damit ist die Ent-täuschung vorprogrammiert, denn «das reptilische und limbische Gehirn haben schon Jahrmillionen überdauert und wir haben keinen Anlass zu erwarten, dass eine Veränderung sie über Nacht aus dem Gehirn des Menschen entfernt.»

Das Einfluss-Verhältnis der drei Gehirne

Die drei unterschiedlichen Gehirne wirken als «drei-einiges Gehirn» zusammen. An jedem menschlichen Verhalten und an jeder menschlichen Reaktion sind stets alle drei Gehirne (Hirnbereiche des «drei-einigen Gehirns») auf ihre spezifische Weise beteiligt.

Das bedeutet allerdings nicht, dass immer alle drei Gehirne zugleich und in gleicher Stärke im Verhalten wirksam würden; das wäre vielmehr eher die Ausnahme.

In den meisten Fällen sind die drei Gehirne sowohl bei der Aufnahme von Wahrnehmungen wie auch bei der Steuerung des Verhaltens unterschiedlich stark engagiert.

Im Regelfall dominieren bei verschiedenen Menschen in vergleichbaren Situationen unterschiedliche Hirnbereiche; die Ansprache der jeweils anderen beiden Hirnbereiche ist ebenfalls unterschiedlich.

Daraus ergeben sich deutliche Unterschiede in der jeweiligen Einfluss-Stärke und damit dem Einfluss-Verhältnis der drei Hirnbereiche zueinander. Dieses Verhältnis der Einfluss-Stärken kennzeichnet die individuelle Biostruktur.

Die Biostruktur der Persönlichkeit

Die Einfluss-Stärken der drei Gehirne bzw. Hirnbereiche sind genetisch-veranlagt und bestimmen die Persönlichkeits-Struktur eines Menschen. Einflüsse der Umwelt können sich zum Beispiel auf die «Verschaltungen» von Neuronen («Feinverdrahtung») oder die Verstärkung synaptischer Verbindungen («Hebbsche Synapsen, Assemblies») im Großhirn und damit auch auf die Entwicklung und Qualität kognitiver Leistungen auswirken; sie verändern dabei aber nicht das grundsätzliche Einfluss-Verhältnis der drei Gehirne.

Zwar hat natürlich jeder Mensch alle drei Gehirne zur Verfügung, aber wie auch in einem Triumvirat kaum jemals alle drei Partner exakt den gleichen Einfluss ausüben, sondern meistens einer dominiert, hat auch im «drei-einigen» Gehirn nicht jedes Gehirn die gleiche Chance, das Verhalten zu bestimmen.

In äußerlich vergleichbaren Situationen setzt sich daher meist ein Gehirn stärker oder häufiger durch:

- bei manchen Menschen
  das gefühlsmäßig-instinktive Stammhirn,

- bei anderen Menschen
  das emotional-impulsive Zwischenhirn,

- bei wieder anderen Menschen
  das rational-kühle Großhirn.

Ein solches Überwiegen eines Gehirns prägt dem Verhalten eines Menschen typische Merkmale auf und bestimmt in besonderem Maße die Grundstruktur seiner Persönlichkeit.

Die Entwicklung der Biostruktur-Analyse

Ausgangspunkt waren die «Chicago Scale», die in den 70er-Jahren an der Universität Chicago zur Selbstanalyse entwickelt worden war, und weitere empirische Untersuchungen wie die des Anthropologen William H. Sheldon. Sheldon hatte in seinen Arbeiten drei Temperamente signifikant unterschieden: Viscerotonie, Somatotonie und Cerebrotonie. Hinzu kamen Korrelations-Untersuchungen der Psychologen Eysenck, Guilford, Cattel u.a. sowie eine «Psycho-Typologie der Zeit» nach Mann, Siegler und Osmond.

Ihre Differenzierung bzw. Präzisierung als Struktur-Modell und ihre feste naturwissenschaftliche Untermauerung erhielten diese empirischen Ergebnisse durch das aus der Evolution begründete «Triune Brain»-Konzept von MacLean (siehe insbesondere [7], [8] und Seite 29 ff.).

Durch Messung oder neuro-physiologische Begründbarkeit konnten in Zusammenarbeit mit MacLean 102 Indikatoren – also Aussagen über spezifische Einstellungen sowie Verhaltens- und Reaktionsweisen – identifiziert und definiert werden, die einen eindeutigen Zusammenhang mit den drei Hirnbereichen Stamm-, Zwischen- und Großhirn aufwiesen. Nach Erprobung verschiedener Versionen wurden für den Zweck einer Selbstanalyse aus den 102 validen Items zunächst 24 ausgewählt, die die nötige Trennschärfe aufwiesen. Zur weiteren Differenzierung der Aussagen wurde diese Zahl auf 39 Items gesteigert, die in 10 Aufgaben zur heutigen Form der Biostruktur-Analyse zusammengefasst wurden. Die Auswahl der 39 Items erfolgte aufgrund des «D-Value» («Discrimination Value» nach C. E. Lawshe), der die Trennschärfe eines jeden Items feststellt.

Der «Discrimination Value» wird wie folgt ermittelt:

1. Für jedes Item wird festgestellt, wieviel Prozent der Teilnehmer mit Stammhirn-Dominanz, mit Zwischenhirn-Dominanz und mit Großhirn-Dominanz das betreffende Item gewählt haben.

Beispiel: Item 1 wurde gewählt von:
10 Prozent der Teilnehmer mit Stammhirn-Dominanz,
9 Prozent der Teilnehmer mit Zwischenhirn-Dominanz,
83 Prozent der Teilnehmer mit Großhirn-Dominanz.

2. Die Werte werden in «D-Values» umgesetzt.
   Unser Beispiel zeigt folgende Werte:
   Der «D-Value» Großhirn/Stammhirn beträgt +2,2.
   Der «D-Value» Großhirn/Zwischenhirn beträgt + 2,3.

   Nach den Grundsätzen der «D-Value-Analyse» gilt:
   D-Value +0,4 bis +0,9 = ausreichend trennscharf,
   D-Value +1,0 und mehr = sehr trennscharf.
   In der vorliegenden Fassung der Selbstanalyse wurden nur Items mit einem D-Value von +1.0 und höher zu **beiden** anderen Gehirnkomponenten aufgenommen. Die Überprüfung der Items an 9020 Personen ergab die Durchschnitts-Trennschärfe von +1,8.

Die Biostruktur-Analyse wird in Form der Selbstanalyse im Rahmen eines Tages-Intensiv-Seminars bzw. -Trainings (für Erwachsene) durchgeführt. Unter Anleitung eines ausgebildeten und lizenzierten Trainers wird das Gewinnen der Selbstkenntnis (und in der Folge auch das Erwerben von Menschenkenntnis) wesentlich erleichtert.

Die Arbeit unter systematischer Anleitung, wie sie nur im Seminar möglich ist, bietet bei diesen Themenbereichen dem Einzelnen entscheidende Hilfe, klärt auftauchende Fragen und vermeidet Missverständnisse. Darüber hinaus sind die Arbeiten, Übungen und Diskussionen im Seminar Voraussetzung zur erfolgreichen praktischen Anwendung der Ergebnisse aus der Biostruktur-Analyse mit Structogram und Triogram.

Darstellung der Ergebnisse

Die Ergebnisse der Biostruktur-Analyse lassen sich in einem STRUCTOGRAM®, einem dreifarbigen Kreis-Diagramm, anschaulich und einprägsam darstellen.

Auf der Structogram-Scheibe werden die drei Gehirne durch drei Farb-Sektoren dargestellt:

- das Stammhirn durch den Farb-Sektor GRÜN,
- das Zwischenhirn durch den Farb-Sektor ROT,
- das Großhirn durch den Farb-Sektor BLAU.

Die Größe jedes Farb-Sektors kennzeichnet die Einfluss-Stärke des betreffenden Hirnbereichs. So wird die jeweilige Biostruktur auf einen Blick deutlich.

Das Structogram stellt keine starre Typologie dar. Aufgrund der Konstruktion der Biostruktur-Analyse ergeben sich insgesamt 7 558 272 Auswahl-Varianten, die zu 412 verschiedenen Ergebnismöglichkeiten auf der Structogram-Scheibe führen. Damit repräsentiert das Structogram das individuelle Zusammenspiel der drei Hirnbereiche in einer hoch differenzierten Abstufung.

STRUCTOGRAM®

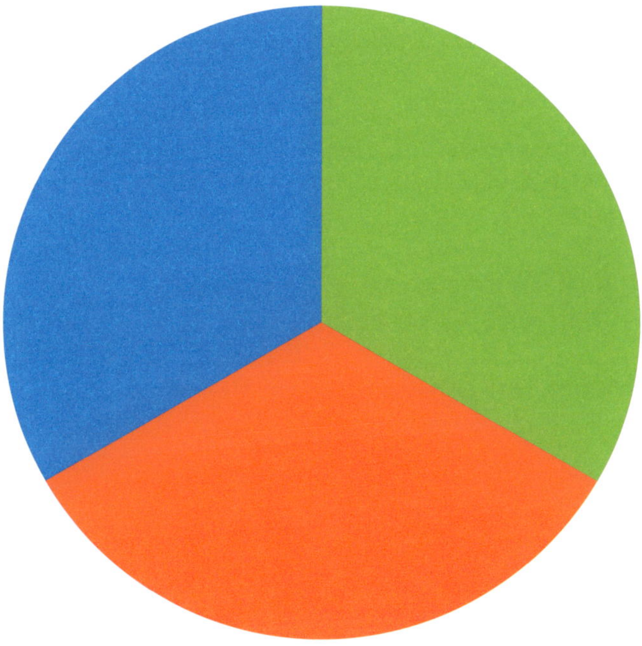

Warum die Farben GRÜN, ROT, BLAU?

Die Wahl der Farben GRÜN, ROT und BLAU ergibt sich aus biologischen Vorgaben: Unsere Netzhaut besitzt Rezeptoren für genau diese drei Farben; für jede dieser Farben besitzen wir sogar ein eigenes Gen.

Unser gesamtes farbiges Bild der Welt baut sich also aus diesen Farben auf. Auch das Bild eines Farbfernsehers wird auf diese Weise zusammengesetzt.

Die Zuordnung der drei Gehirne zu der jeweils «passenden» Farbe entspricht sowohl uralter Farb-Symbolik als auch moderner Farb-Psychologie:

- Das biologisch-bewahrende Stammhirn
  erhält die «natürliche» Farbe GRÜN.

- Das emotional-impulsive Zwischenhirn
  erhält die «dynamische» Farbe ROT.

- Das distanziert-rationale Großhirn
  erhält die «kühle» Farbe BLAU.

Wie naheliegend die Zuordnung ist, zeigt sich auch daran, dass MacLean schon in seinen frühen Arbeiten die Gehirne in diesen Farben darstellt.

Warum ist das Structogram rund?

Die Darstellung der Ergebnisse der Biostruktur-Analyse im Kreis-Diagramm wurde gewählt, weil sie zwangsläufig eine Gesetzmäßigkeit vermittelt:

Wenn eine Komponente größer wird, müssen andere dadurch kleiner werden. Jede «Stärke» bedingt «Begrenzungen» in anderen Bereichen. Dies entspricht der Realität: Je stärker ein Gehirn dominiert, desto schwächer wirken die anderen.

Das ist eine biologische Tatsache, die viele nicht wahrhaben möchten. Menschen neigen nun einmal dazu, gern alles zugleich haben zu wollen.

Heirats- oder Stellenanzeigen machen das oft sehr deutlich: Da finden sich viele Wunschbilder, die sich nur aus «Stärken» zusammensetzen und eben deshalb völlig unrealistisch sind.

Im Kreis-Bild der Structogram-Scheibe werden die Begrenzungen deutlich, die unseren Wunschbildern gesetzt sind. Man kann die Sektoren ändern, wie man will: Stärken und Begrenzungen bedingen einander; «Schwächen» entstehen dagegen häufig aus Übertreibungen von Stärken.

Der Structogram-Vergleich

Beim Vergleich von Biostrukturen kann der Grad der Übereinstimmung, also die «Stimmigkeit» oder «Unstimmigkeit» bestimmter Strukturen, eine Rolle spielen.

So kann z. B. bei Gruppen-Bildungen die Stimmigkeits-Analyse der Structograme Hinweise auf die Effektivität oder auf Konfliktpotenziale geben. Auch bei vielen anderen Fragestellungen aus dem Arbeitsbereich der Biostruktur-Analyse, in denen es um «Identität» geht, hilft die Stimmigkeits-Analyse weiter.

Zur Erleichterung solcher Analysen kann man die einzelnen Structograme, anstatt sie nebeneinander zu vergleichen, konzentrisch ineinander legen.

In dem so entstehenden MULTIGRAM® werden auch geringe Unstimmigkeiten zwischen den einzelnen Biostrukturen auf einen Blick deutlich.

MULTIGRAM®

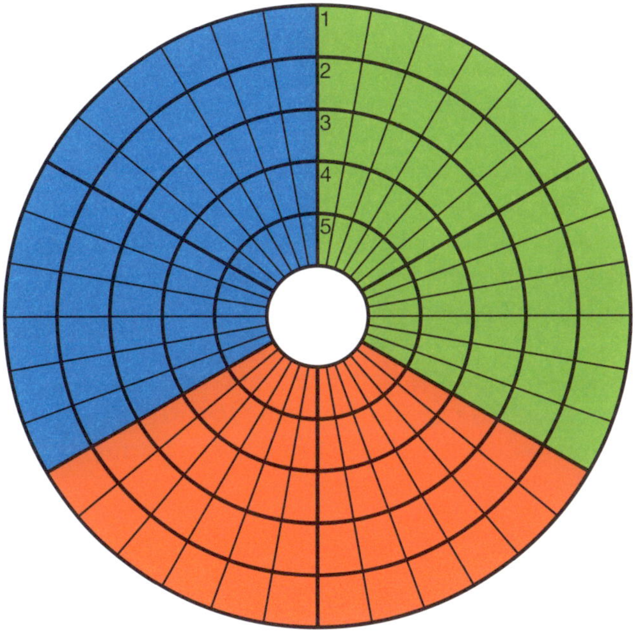

Die «Landkarte» der Biostrukturen

Zur Kennzeichnung der Biostruktur anderer Menschen benötigt man nicht das zahlenmäßig exakte Bild, wie es das Structogram bietet. Bei der praktischen Menschenkenntnis geht es zunächst nur darum, wesentliche Eigenarten schnell und richtig zu erfassen, um daraus die elementare Grundstruktur der Persönlichkeit zu ermitteln.

Man braucht daher eher eine Art «Landkarte», die es anschaulich möglich macht, den «Standort» eines Menschen im Gesamtfeld der möglichen Biostrukturen mit einiger Sicherheit einzugrenzen.

Eine solche Landkarte bietet das TRIOGRAM®. Die drei Komponenten der Biostruktur sind in einem Kreisbogen-Dreieck so verteilt, dass die Ecken jeweils die stärkste Dominanz, die gegenüberliegenden Seiten die schwächste Ausprägung einer Komponente darstellen; die Mitte ist die neutrale Zone.

Umgekehrt lässt sich jeder Ort auf der Fläche des Triograms durch die zugehörigen Structogram-Werte in seiner Biostruktur exakt definieren, so, wie jeder bestimmte Ort auf einer Landkarte durch seine Koordinaten bestimmt ist.

TRIOGRAM®

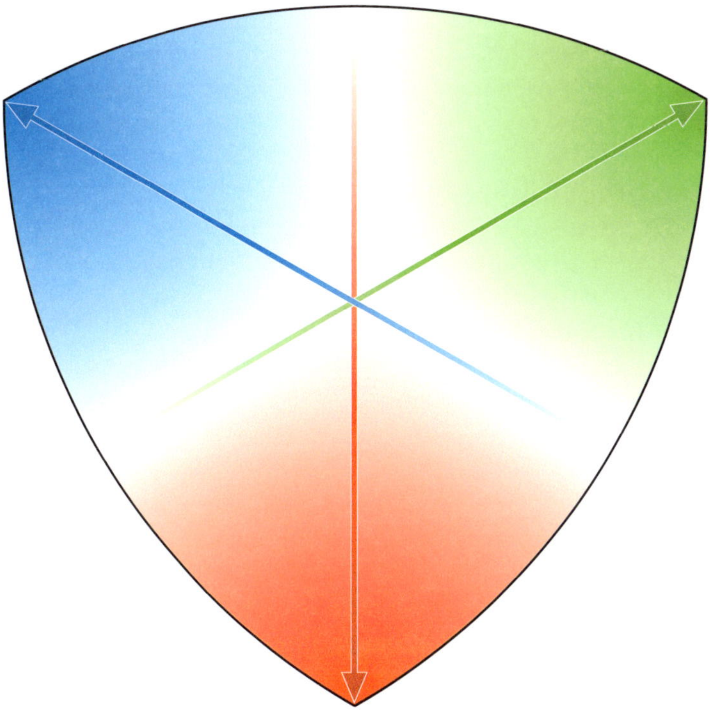

Vorteile der Darstellungsformen

In der praktischen Anwendung hängt der Nutzen eines Analyse-Systems als Grundlage für Entscheidungen auch wesentlich von der Form ab, in der die Ergebnisse dargestellt werden.

Gegenüber den üblichen Formen der Ergebnis-Darstellung in Zahlen-Tabellen oder durch verbale Beschreibungen zeichnen sich die Darstellungen der Ergebnisse von Biostruktur-Analysen durch ihre bildhafte Anschaulichkeit aus, die keiner weiteren Interpretation bedarf:

- Das STRUCTOGRAM®
  lässt in seiner ikonografischen Klarheit vorher nur unbewusst gespürte Strukturen einprägsam deutlich werden.

- Das MULTIGRAM®
  zeigt jede Unstimmigkeit so unübersehbar, dass es förmlich zur «Stimmigkeit» zwingt.

- Das TRIOGRAM®
  macht auf einen Blick den Standort einer Biostruktur in der Gesamtheit erkennbar.

Wenn die Biostruktur-Analyse in immer mehr Bereichen angewendet wird, so hat daran, neben ihrer klaren Methodik, auch ihre visuelle Ergebnis-Darstellung einen entscheidenden Anteil.

Gehirn-Aktivität und Persönlichkeits-Merkmale

Die Abhängigkeit bestimmter Persönlichkeits-Merkmale vom unterschiedlichen Aktivierungsgrad verschiedener Hirnbereiche wurde in einer Studie der Universität Iowa untersucht:

Mit Hilfe der Positronen-Emissions-Tomographie (PET-Technik) konnte nachgewiesen werden, dass die Dominanz bestimmter Persönlichkeits-Merkmale mit einer verstärkten und zeitlich vorrangigen Durchblutung der diesen Merkmalen zugeordneten Hirn-Bereiche eindeutig korreliert.

In der PET-Studie ist es somit nicht nur gelungen, die Verbindung zwischen Gehirn-Aktivität, Persönlichkeit und Verhalten mit naturwissenschaftlichen Methoden zu verifizieren, sondern auch zu zeigen, dass die damit verbundenen neurophysiologischen Prozesse individuell unterschiedlich ablaufen. Die Art der Persönlichkeitsmerkmale, um die es sich dabei handelte, entsprechen den Grundmustern des Verhaltens, wie sie auch durch die Biostruktur-Analyse ermittelt werden.

Damit werden die Grundlagen der Biostruktur-Analyse, insbesondere die Abhängigkeit bestimmter Persönlichkeits-Merkmale und Verhaltensweisen von der individuellen Arbeitsweise des Gehirns bzw. der einzelnen Hirnbereiche, nachdrücklich bestätigt. [9]

STRUCTOGRAM® - Matrix

	GRÜN-Komponente Stammhirn Gefühl	ROT-Komponente Zwischenhirn Emotion	BLAU-Komponente Großhirn Ratio
Beziehung zu Menschen	**Kontakt**	**Dominanz**	**Distanz**
	Streben nach menschlicher Nähe	Streben nach Überlegenheit	Streben nach Sicherheitsabstand
	Gespür für Menschen	Natürliche Autorität	Zurückhaltung
	Allgemeine Beliebtheit	Neigung zum Wettbewerb	Tendenz zur Verschlossenheit
Orientierung in der Zeit	**Vergangenheit**	**Gegenwart**	**Zukunft**
	Bauen auf Vertrautes	Erfassen des Augenblicks	Bedenken der Konsequenzen
	Handeln aus Erfahrung	Impulsives Handeln	Planvolles Handeln
	Vermeiden radikaler Veränderungen	Aktivität und Dynamik	Streben nach Fortschritt
Denk- und Arbeitsweise	**Erspüren**	**Begreifen**	**Ordnen**
	Intuitives Denken, Fingerspitzengefühl	Konkretes, praktisches Denken	Systematisches, analytisches Denken
	Verlässliche erste Eindrücke	Schnelles Erkennen des Machbaren	Hohes Abstraktionsvermögen
	Fantasie	Neigung zum Improvisieren	Hang zur Perfektion
Erfolg durch	**Sympathie**	**Mitreissen**	**Überzeugen**

Warum drei Komponenten?

Warum untersucht die Biostruktur-Analyse den Anteil von gerade drei Komponenten? Warum nicht von zwei, fünf oder zehn?

Die Zahl «3» hat in den Grund-Ordnungen, die für den Menschen entscheidend sind, von jeher eine besondere Rolle gespielt. Man findet triadische Ordnungs-Systeme durch alle Zeiten und in allen Kulturen: im Menschenbild der östlichen Welt wie in dem der westlichen – von der Antike bis zur Drei-Einigkeit im Christentum.

Das kann man nicht als «Zufall» erklären. Nach vielen mystischen Erklärungs-Versuchen scheint jetzt auch der wahre Grund dafür wissenschaftlich deutlich zu werden:

Der Mensch selbst ist offenbar biologisch durch die Zahl «3» deutlich gekennzeichnet. Sheldon konnte nachweisen, dass die drei embryonalen Keim-Follikel nicht nur über unseren Körperbau bestimmen (endomorphe, mesomorphe und ektomorphe Anteile), sondern auch noch unser Wesen beeinflussen. Danach war es MacLean, der die Evolution des Gehirns erforschte und eine plausible biologische Begründung für das Mysterium der Drei-Einigkeit fand: Wenn das Gehirn selbst «drei-einig» ist, dann werden ihm alle triadischen Strukturen auch besonders leicht eingängig sein.

Drei Grundkomponenten der Persönlichkeit

Nicht zwei, nicht vier!

Eine empirische Untersuchung einer der größten deutschen Fondsgesellschaften hat eine weitere nachdrückliche Bestätigung der Structogram-Komponenten gebracht.

Um die Anlageberatung der angeschlossenen Banken «typgerecht» durchführen zu können, hatte das Unternehmen zunächst von einem Marktforschungs-Institut eine repräsentative Befragung von 1000 Kunden zum Anlegerverhalten durchführen lassen. Auf Basis der Ergebnisse wurde eine Anleger-Typologie entwickelt, die sich an den **grundlegenden** Einstellungen der Kunden orientiert. Diese Typologie hat sich in mehreren weiteren Studien und in einem zweijährigen Testraum bestätigt. Darauf aufbauend wurde eine weitere Repräsentativ-Befragung zum Finanzverhalten an ebenfalls 1000 Kunden durchgeführt.

Zentrales Ergebnis: Die Finanz-Typologie charakterisiert das Kundenverhalten in drei markanten «Typen», die eine beeindruckende Übereinstimmung mit den drei Komponenten des Structograms haben. [10]

Diese Untersuchung ist ein weiterer Beleg dafür, dass die Struktur der menschlichen Persönlichkeit aus drei Grundkomponenten besteht!

Triadische Systeme der Persönlichkeit

Ayurveda 3000 v. Chr.	Kapha (Erde)	Pitta (Feuer)	Vata (Luft)
Platon 400 v. Chr.	Epithymia (Begierde)	Thymos (Wille)	Logisticon (Vernunft)
Aristoteles 350 v. Chr.	Anima vegetativa	Anima sensitiva	Anima rationalis
Pestalozzi 1786	Herz	Hand	Kopf
Schopenhauer 1850	Trieb	Wille	Vorstellung
Freud 1923	Id	Ego	Superego
Sheldon 1942	Viscerotonia	Somatotonia	Cerebrotonia
Thomac 1951	Propulsives Ich	Impulsives Ich	Prospektives Ich
Osgood 1957	Potency	Activity	Evaluation
Berne 1966	Archeopsychic Ego (Kind-Ich)	Exteropsychic Ego (Eltern-Ich)	Neopsychic Ego (Erwachsenen-Ich)
Cohen 1969	Beliebtheit	Dominanz	Gewissenhaftigkeit
Eysenck 1970	Social Extraversion	Impulsive Extraversion	Introversion
MacLean 1973	Paläocortex: Reptilian Brain	Mesocortex: Paleomammalian Brain	Neocortex: Neomammalian Brain
Porter 1982	Altruistic/ Nurturing	Assertive/ Directing	Analytic/ Autonomizing
Steffens 1993	Intention	Materialization	Disposition

Spezielle Aspekte zum Gehirn

Linke und rechte Großhirn-Hälfte

Der Neurologe Roger Sperry entdeckte 1961 eine Spezialisierung der beiden Großhirn-Hemisphären (Großhirn-Hälften). Die Trennung in «linke und rechte Hälfte» bezieht sich nur auf das Großhirn; Stamm- und Zwischenhirn unterliegen nicht einer derartigen Aufteilung. Vor allem im Training gehen die meisten Interpretationen der Zweiteilung des Großhirns weit über die Aussagekraft der vorhandenen wissenschaftlichen Daten hinaus. Als gesichert gilt, dass eine – meist die linke – Hemisphäre besonders zuständig ist für die **«neuesten»** Fähigkeiten des Großhirns, z. B. die rationale Abstraktion oder die linear-sequenzielle Codierung der Sprache, während die andere – meist rechte – Hemisphäre vorwiegend ganzheitlich-simultan codierte Informationen bzw. Ausdrucksformen, wie z. B. Bild, Gebärde und Bewegung, besser «versteht» und verarbeitet.

Zum «drei-einigen» Gehirn ergibt sich daraus kein Widerspruch: Das «symbol-bildende» Großhirn hat sich lediglich in seiner linken Hälfte mehr auf eine Codierung spezialisiert, die beim Menschen bis hin zur Sprache führt. Diese Hälfte wird daher beispielsweise stärker von den zentralen Aspekten der Sprache, wie Grammatik und Wortbildung, beansprucht, während die rechte Hälfte in höherem Maße zu Inhalt und Satzmelodie beiträgt.

MacLean hat in seinen Untersuchungen nachgewiesen, dass die rechte Großhirn-Hälfte eine stärkere «Vernetzung» mit den älteren Hirnbereichen hat. Sie «repräsentiert» sozusagen bestimmte Fähigkeiten der älteren Hirnbereiche im Großhirn («Projektion der Original-Impulse») und ist damit «durchlässiger» für die besonderen Fähigkeiten von Stamm- und Zwischenhirn.

«Neurale Projektionen» sind nicht gleichzusetzen mit der Auslösung psychosomatischer Prozesse. Eine derartige Fehleinschätzung kann sich fatal auf die Interpretation von Verhaltensäusserungen und symptomhaften Erscheinungen auswirken. [11]

Die Differenzierung der Großhirn-Hälften macht es erforderlich, dass sie ihre Aktivitäten miteinander abstimmen. Daher erfolgt über den Balken (corpus callosum), der beide Großhirn-Hälften verbindet, ein unmittelbarer gegenseitiger Informations-Transfer. Abtast-Bilder des Großhirns enthüllen, dass immer beide Großhirn-Hälften aktiv sind und zusammen arbeiten. [12]

Die «Beanspruchung» der beiden Hirnhälften ist jedoch in Abhängigkeit von der individuellen Biostruktur unterschiedlich. So führt eine BLAU-Dominanz auch zu einer verstärkten Aktivierung der linken Großhirn-Hälfte. Bei GRÜN- und ROT-Dominanz wird dagegen die rechte Großhirn-Hälfte durch die Verarbeitung der vermehrt vom Stamm- bzw. Zwischenhirn eintreffenden Impulse stärker beansprucht.

Deutsche und britische Neurologen bestätigten mit einem Scannertest, dass sich die beiden Großhirn-Hälften vor allem in ihrem «Arbeitsstil» unterscheiden. [13]

In den Neuro-Wissenschaften wird mittlerweile die Annahme einer strikten funktionalen Teilung zwischen linker und rechter Großhirn-Hälfte zurückgewiesen. [14], [15], [16], [17], [18]

Ein interdisziplinäres Forschungsteam der Universität Münster hat nun auch mit Hilfe der funktionellen Kernspin-Tomographie festgestellt, dass die Hemisphären-Theorie von der Trennung in eine emotionale und rationale Hälfte unzutreffend ist und «endgültig ad acta gelegt werden muss». [19], [20]

Das Modell des «drei-einigen» Gehirns von MacLean umfasst insgesamt auch die gesicherten Erkenntnisse der Großhirn-Hemisphären-Forschung.

Das Kleinhirn (Cerebellum)

Unter dem Großhirn, eng am Hirnstamm, sitzt eine tennisballgroße Struktur mit mehr Nervenzellen als das gesamte übrige Gehirn: das Kleinhirn (Cerebellum).

Das Kleinhirn war schon bei den frühen Wirbeltieren vor 400 Millionen Jahren vorhanden und stellt somit einen sehr alten Hirnteil dar. Funktional und evolutionsgeschichtlich ist das Kleinhirn dem Stammhirn zuzuordnen:

Zu seinen Hauptaufgaben gehört einerseits die Organisation von Bewegungen und Motorik, andererseits die Koordination von Sinnes-Informationen und Sinnes-Empfindungen. [21], [22], [23]

Das enterale Gehirn («Bauch-Hirn»)

Der Mediziner und Neuro-Biologe Michael Gershon ist Initiator einer neuen Forschungsrichtung, der «Neuro-Gastro-Enterologie», die sich mit dem Nervensystem des Verdauungstrakts auseinandersetzt.

Gershon hat nachgewiesen, dass der Darm ein Organ ist, das ein eigenes Nervensystem besitzt: Etwa 100 Millionen Nervenzellen bilden das enterale «Gehirn» bzw. das enterische System.

Das enterale Gehirn – auch «Bauch-Hirn» genannt – ist ein subsidiäres, weitgehend autonomes Steuersystem innerhalb des vegetativen Systems, das – evolutions-biologisch gesehen – aus einer frühen Lebensform stammt und funktional ebenfalls dem Stammhirn zugerechnet werden kann. [24], [25]

Die Biostruktur-Analyse – kein psychologischer Test

Die Biostruktur-Analyse ist kein psychologischer Test, sondern eine wertfreie (Selbst-) Analyse genetisch-veranlagter Grundstrukturen. Sie ist auch weder mit Persönlichkeits-Tests bzw. -Analysen vergleichbar, die «umwelt-bedingt» und «situativ» ausgerichtet sind, noch mit «Querschnitts-Betrachtungen» genetisch-veranlagter und umwelt-bedingter Persönlichkeits-Merkmale (vgl. auch Seite 83 f.).

Die Biostruktur-Analyse liegt auf einer anderen Ebene, nämlich – in einer Analogie ausgedrückt – auf der des unveränderbaren «Betriebs-Systems» des «Bio-Computers» Gehirn und nicht auf der Ebene der veränderbaren «Software-Programme». Der Psychoanalytiker und Psychotherapeut Karl König führt dazu aus: «Es vererben sich nicht nur Intelligenz und körperliche Konstitution, sondern auch die Anlagen zur Entwicklung von Erlebens- und Verhaltensweisen. Der Mensch kommt also nicht als unbeschriebenes Blatt zur Welt. Man könnte ihn mit einem Computer vergleichen, der unterschiedlich programmiert werden kann, selbst aber in seinem Betriebs-System Grundstrukturen mitbringt, die festlegen, wie er auf bestimmte Programmier-Befehle reagieren wird... Das Erbgut ist an der Persönlichkeits-Entwicklung beteiligt, aber es ist unveränderbar.» [26]

Die Wertfreiheit der Biostruktur-Analyse zeigt sich unter anderem auch bei Überprüfungen der Biostrukturen von tausenden Seminar-Teilnehmern aus den unterschiedlichsten Unternehmen, Branchen und Regionen. Das Ergebnis zeigt, dass es in Führung und Verkauf **insgesamt** keine Häufung spezieller Biostrukturen verglichen mit der Verteilung in der Gesamtbevölkerung gibt.

Die Einsatz-Gebiete der Biostruktur-Analyse bzw. des Structograms sind genau abgegrenzt; beispielsweise ist ihr Einsatz als Bewerber-Test ausdrücklich untersagt. In der spezifischen Situation einer Bewerbung ist die Gefahr zu groß, dass beim Bewerber Antworten im Sinne einer persönlich-gewünschten Selbstdarstellung provoziert würden. Hinzu kommt, dass bei der Beurteilung eines Bewerbers im Hinblick auf seine Eignung für eine spezifische Stellung natürlich auch Aspekte beachtet werden müssen, die über die genetisch-dispositiven Grundmuster hinausgehen.

Das Structogram als Ergebnis der Biostruktur-Analyse ist ein «Ordnungs-Prinzip» zur Strukturierung von Veranlagungen und Lernprozessen im Umgang mit sich selbst (und anderen). Es soll und kann nicht alles im Verhalten des Menschen erklären, zeigt aber die individuellen, genetisch-veranlagten Grundmuster und damit wesentliche «biologische Rahmenbedingungen» für das Verhalten auf. Die Biostruktur-Analyse ist insgesamt ein dynamisches System zur Selbstkenntnis und Entwicklung des Persönlichkeits-Potenzials, weil sie die statische Fixierung von Test-Ergebnissen sowie die starren Grenzen herkömmlicher Typologien überwindet.

Für Structogram-Trainer besteht die ausdrückliche Verpflichtung, den Seminar-Teilnehmern das Biostruktur-Analyse-Material sowie die Structogram-Scheibe mit der Aufforderung auszuhändigen, die Analyse im Privatbereich gemeinsam mit einem Menschen ihres Vertrauens – z. B. Ehe-/Lebenspartner, Eltern/Geschwister, Freund/Freundin – noch einmal durchzuführen und zu besprechen. Ziel ist, das Eigen-Urteil im Seminar mit dem Fremd-Urteil eines vertrauten Menschen in «Übereinstimmung» zu bringen. Über 90 Prozent aller Seminar-Teilnehmer wiederholen die Biostruktur-Analyse auf diese Weise. Dabei ist festzustellen, dass sozusagen «zwangsläufig» bzw. «automatisch» ein ergebnis-bestätigender oder -korrigierender Lernprozess stattfindet. Dieser Lernprozess führt (mit Hilfe des Structograms als «Ordnungs-Prinzip») auch dazu, dass bei nicht übereinstimmendem Eigen- und Fremd-Urteil bestimmte Antworten in der Selbstanalyse beispielsweise als «Wunschvorstellung» bzw. «soziale Erwünschtheit» oder bestimmte Verhaltensweisen als von außen «aufoktroyiert» erkannt werden.

Generell wird die Sensibilität zur Unterscheidung von dispositiv-authentischem Verhalten und situativem (Rollen-)Verhalten durch die Biostruktur-Analyse entscheidend gesteigert.

Die Überprüfung der Lernprozesse sowie der Structogram-Ergebnisse ist leicht möglich, da über dreiviertel aller Teilnehmer der Structogram-Selbstkenntnis-Seminare zu einem späteren Zeitpunkt an einem Triogram-Menschenkenntnis-Seminar teilnehmen.

Untersuchungen des Deutschen Structogram-Zentrums zeigen, dass 83 Prozent der Seminar-Teilnehmer die Grundzüge ihrer Persönlichkeit und ihres Verhaltens in der Structogram-Interpretation wiedererkennen, auf 17 Prozent trifft dies teilweise zu und unter 1 Prozent verneinen diese Frage.

Nach Durchführung einer Fremd-Analyse und der Diskussion mit Familie oder Freunden sowie nach vollzogenem Lernprozess verändern sich die Ergebnisse in Richtung auf eine noch stärkere und endgültige Akzeptanz:

Stimmt genau:	96 Prozent,
stimmt teilweise:	4 Prozent,
stimmt nicht:	unter 1 Prozent.

In diesem Zusammenhang kommt eine frühere Untersuchung, die sich auf eine Fassung der Biostruktur-Analyse mit einer geringeren Anzahl der Items bezieht, zu ähnlichen Ergebnissen. [27]

Insgesamt zeichnet sich das Structogram – spätestens nach dem beschriebenen Lernprozess – durch eine hohe und dauerhafte Stabilität aus (vgl. auch Seite 86 ff.).

Die Lehrmittel der Biostruktur-Analyse sind didaktisch so aufgebaut, dass sie die erforderliche Nacharbeit der Seminar-Teilnehmer fachlich begleiten und absichern.

Genetisch-veranlagte Persönlichkeits-Merkmale

Die wissenschaftliche Disziplin der «Psychologie» hat lange Zeit unter vermeintlichen Diskrepanzen und Meinungsverschiedenheiten ihrer zahlreichen Zweige gelitten. Der Psychologe Piet Vroon setzt sich seit Jahren mit dieser Problematik auseinander: «Oft handeln wir ganz anders, als es unserer Absicht und Einsicht entspricht. Wir rauchen, obwohl es uns schadet, wir tun jemandem weh, den wir mögen. Diese Widersprüchlichkeit gilt auch im Großen: Der Mensch bringt Großartiges hervor, gleichzeitig vernichtet er hemmungslos seine Artgenossen und die Erde, die ihn ernährt.»

Die drei großen Strömungen innerhalb der Psychologie – die Tiefen-Psychologie, der Behaviorismus und die kognitive Psychologie – liegen mit ihren Deutungen dieses Verhaltens in einem unlösbaren Streit.

Vroon setzt die Erkenntnisse der Psychologie mit denen der Evolutions-Biologie und der Hirnforschung (MacLean) in Beziehung. Er folgt der These, dass die Evolution in kleinen Schritten verläuft, jedoch einen Sprung macht, wenn Anpassungen an krass neuartige Umstände erforderlich sind. Dann wird erprobten Teilen des Nervensystems eiligst ein neues System hinzugefügt. Folge: Wir haben nicht nur ein typisch menschliches Gehirn, sondern auch Hirnbereiche, wie sie für das Verhalten von Reptilien und Säugetieren verantwortlich sind. Vereinfacht gesagt, unser Verhalten folgt den Instruktionen verschiedener Kommandozentralen, in denen unterschiedliche Interessen verfolgt werden und die nur mäßig miteinander kooperieren.

Vroon weist nach: Die drei Psychologien befassen sich schlicht mit drei verschiedenen Hirnen (Anm. d. Verf.: Tiefen-Psychologie → Stammhirn, Behaviorismus → Zwischenhirn, Kognitive Psychologie → Großhirn). «Ein faszinierendes Plädoyer dafür, die gesamte Psychologie einer Bestandsaufnahme zu unterziehen und ihre Fragestellung neu zu definieren». [28]

Seit einigen Jahren beginnt die Psychologie, ein neues Selbstverständnis und eine neue Funktion als integrierende Kraft in den anthropologischen Wissenschaften zu entwickeln. Zentrale «Eckpfeiler» stellen auf diesem Weg die Neuro-Wissenschaften, die Molekular-Biologie und die Verhaltens-Genetik dar. Ausgangspunkt einer «genetischen Psychologie» («Psycho-Genetik») ist die «Temperaments-Forschung». In der wissenschaftlichen Persönlichkeits-Forschung werden unter «Temperament» im Allgemeinen vererbte Merkmale des typischen Verhaltensstils eines Menschen verstanden. «Temperament bezeichnet Persönlichkeits-Merkmale, die weitgehend stabil sind und eine genetische Grundlage haben.» [29]

In vielen Untersuchungen, vor allem Langzeit-Studien, wurde versucht, genetisch-veranlagte Persönlichkeits-Merkmale zu identifizieren. Die Untersuchungen kamen im Prinzip zu dem Ergebnis, dass etwa die Hälfte der Persönlichkeits-Merkmale bzw. Verhaltensweisen auf Erb-Anlagen und etwa die Hälfte auf Umwelt-Einflüsse zurückzuführen sind. Dieses Ergebnis und die Stabilität genetisch-veranlagter Verhaltensmuster werden auch durch die Zwillingsforschung nachdrücklich bestätigt. [30], [31], [32]

Insbesondere bei Studien über getrennt aufgewachsene eineiige Zwillinge (die identische Gene haben) wurde nachgewiesen, dass bestimmte Persönlichkeits-Merkmale und Verhaltensweisen auch nach Jahrzehnten der Trennung und einem Leben unter völlig verschiedenen Umweltbedingungen immer noch identisch waren. [33], [34], [35], [36] Besonders bemerkenswert ist, dass diese Studien ursprünglich darauf angelegt waren, den stärkeren Einfluss der Umwelt auf die Persönlichkeit und das Verhalten von Menschen nachzuweisen. Siehe auch [37].

Bei den Untersuchungen im Rahmen der Temperaments- und Zwillingsforschung handelt es sich allerdings um «Querschnitts-Betrachtungen» (dazu gehören auch die sogenannten «Big Five»), bei denen aus individuellen, häufig situativen Verhaltens-Unterschieden

Rückschlüsse auf genetisch-veranlagte Grundmuster der Persönlichkeit gezogen werden. Eine genaue Abgrenzung zwischen genetisch-veranlagten und umwelt-bedingten Persönlichkeits-Merkmalen und damit «fixen» und «variablen» Persönlichkeits-Anteilen ist bei einer derartigen Betrachtungsweise und Auswertung von «Symptomen» kaum möglich, und es gibt auch keinerlei Hinweise auf die zu den beobachteten Ergebnissen führenden Mechanismen.

Dieser Kritik-Punkt soll aber nicht das große Verdienst dieser Studien schmälern, die in einer Zeit teilweise extrem behavioristischer Ansätze die Aufmerksamkeit wieder auf die Bedeutung der genetischen Basis für die Persönlichkeits-Entwicklung und das Verhalten von Menschen gelenkt haben. **Im Kontext dieser Art von Studien ist die individuelle Biostruktur den genetisch-veranlagten Anteilen der Persönlichkeit zuzuordnen.**

Die Studien im Rahmen der Temperaments-Forschung stellen außerdem einen wichtigen Beitrag zum Verständnis der Anlage-Umwelt-Interaktion dar: Sie bestätigen, dass der Mensch dazu neigt, sich die Umwelt zu suchen oder zu schaffen, die geeignete Entwicklungs-Möglichkeiten für seine Anlagen bietet. Die Temperamentsforscher Stella Chess und Alexander Thomas entwickelten hierzu das «Passungs-Konzept». [38], [39] Der Psychologe Marcel R. Zentner definiert: «Passung ist gegeben, wenn eine Konsonanz zwischen dem Temperament, ebenso wie Motivationen und Fertigkeiten ... einerseits und den Erwartungen, Anforderungen und Möglichkeiten der Umwelt andererseits besteht.» [40]

Im Bereich der psychotherapeutischen Methoden baut insbesondere die «Systemische Therapie» auf eine umfassende Einbeziehung des individuellen Umfeldes in therapeutische Maßnahmen. Dabei stellt sich in zunehmendem Maße heraus, dass Veränderungen der Grundstruktur der menschlichen Persönlichkeit nicht erreicht werden können. Deshalb erhält eine ausreichende Passung zwischen Individuen und Umwelt einen besonderen Stellenwert. [41]

Der Wirkung von Umwelteinflüssen auf Persönlichkeit und Verhalten widmet sich in starkem Maße die «Erziehungsforschung». Ein wichtiges Ergebnis dieser Forschungsarbeiten ist, dass die «nicht-gemeinsame Umwelt», also die persönlich-individuell gemachten Erfahrungen, einen weitaus größeren Einfluss auf die Persönlichkeits-Entwicklung eines Menschen haben, als die «gemeinsame Umwelt». Genetisch-veranlagte Persönlichkeits-Merkmale und Verhaltensweisen werden durch die individuellen Erfahrungen bestätigt und weiter gefestigt. Sie werden durch Einflüsse der Umwelt bestenfalls «eingefärbt», nicht aber völlig «übertüncht». [35]

Der Psychiater und Molekular-Biologe Samuel H. Barondes fasst zusammen: «Besonders beeindruckend an diesen Ergebnissen ist, dass sie die weitverbreitete Annahme in Frage stellen, Persönlichkeit entwickle sich vor allem durch Erziehung: Wenn dies zuträfe, müssten eineiige Zwillinge, die in derselben Familie aufgewachsen sind, einander noch ähnlicher sein als voneinander getrennt aufgewachsene. Das überraschende Ergebnis der Untersuchungen ist aber, dass die beträchtlichen Ähnlichkeiten in den Persönlichkeiten eineiiger Zwillinge anscheinend ausschließlich auf ihren Genbestand zurückzuführen sind». [42]

«Persönlichkeits-Entwicklung» ist eine Emergenz-Erscheinung, die durch eine Symbiose von Anlage und Umwelt entsteht. So wie die Gene eine Umwelt brauchen, in der sie exprimieren können, braucht die «Persönlichkeit» einen Lebensraum, in den sie emanieren kann. Umgekehrt können Umweltbedingungen die Entfaltung eines Menschen nur insoweit beeinflussen, wie seine genetische Ausstattung es zulässt und auf Umweltreize reagiert. [43]

Die Expression der Gene, also die Ausprägung und Realisierung der genetischen Information, ist auch Basis der Entwicklung des Gehirns und seiner Funktionsweise. Aus den gesicherten Erkenntnissen über die grundlegenden Hirnfunktionen ermittelt die Biostruktur-Analyse die genetisch-veranlagte Grundstruktur der Persönlichkeit und damit auch das Temperament eines Menschen.

Stabilität und Veränderbarkeit von Persönlichkeits-Merkmalen

Die Gesamtheit aller Erbfaktoren eines Menschen wird als «Genom» bezeichnet (siehe auch Seite 91 ff.). Das Genom enthält die gesamte genetische Erb-Information in Form der jeweiligen Basensequenzen der DNA (Desoxyribonukleinsäure). Die Expression der Gene bewirkt letztlich die Umsetzung der genetischen Anlagen des Organismus («Genotyp») in eine äußere Form («Phänotyp»). Dieser Prozess betrifft nicht nur das physische Erscheinungsbild, sondern auch die Verhaltensmuster und Reaktionsweisen eines Menschen.

Der Genotyp ist also die spezifische Ausprägung eines Genoms und ist durch die jeweiligen DNA-Basensequenzen **individuell** festgelegt. Der Phänotyp beschreibt das Erscheinungsbild des Organismus, das durch den Genotyp vorgegeben («prädisponiert») ist und zellspezifisch exprimiert. Dabei kann der Phänotyp auf gegebene und variierende Umwelt-Bedingungen durch Modulation der Gen-Expression in dem durch den Genotyp vorgegebenen Rahmen flexibel reagieren («Plastizität»). Der Genotyp stellt somit das vorgegebene Entwicklungs-Potenzial eines Organismus dar, während der Phänotyp zum Ausdruck bringt, inwieweit und in welcher Form das Potenzial des Genotyps realisiert wurde. [44]

Die Biostruktur-Analyse unterscheidet daher beim Erwachsenen zwischen genetisch-veranlagten, unveränderbaren Grundstrukturen (genotypische Muster) und umwelt-bedingten, veränderbaren Merkmalen der Persönlichkeit, die zu unterschiedlichen phänotypischen Ausprägungen eines bestimmten Genotyps führen können. Hierbei werden durch das Structogram die unveränderbaren Anteile der menschlichen Persönlichkeit, das heißt, die generellen genotypischen Grundmuster des Verhaltens, repräsentiert.

Sehr aufschlussreich ist, wie Klaus-Peter Lesch, einer der Pioniere der molekular-genetischen Persönlichkeitsforschung, die menschliche Persönlichkeit erklärt: «Man kann sich die Persönlichkeit zusammengesetzt vorstellen aus dem ‹Temperament› – bestimmt durch die genetische Veranlagung – und dem ‹Charakter›, der durch die Umwelt geformt wird.» Er führt weiter aus, dass man nur an seinem Charakter arbeiten, nicht aber sein Temperament verändern kann. Lesch betont, dass «die biologische Ausstattung quasi den Rahmen bildet, innerhalb dessen Veränderungen möglich sind.» [45]

Der Psychiater Peter Kramer bezeichnet in diesem Zusammenhang «Temperament» als eine angeborene, genetisch-veranlagte und chemisch genau festgelegte Eigenschaft für eine bestimmte Reaktions- und Verhaltensweise, «Charakter» als gleichbleibende Verhaltensmuster, die sich aus Lebenserfahrungen ergeben haben (auch die unverwechselbaren Züge eines Menschen bzw. seine moralischen Standpunkte). Charakter ist erlerntes Verhalten, Temperament ist angeboren. Charakter ist psychologisch definiert, Temperament biologisch. Persönlichkeit ist das Gesamt-Bild aus gewohnheitsmäßigen oder charakteristischen sozialen Verhaltensmustern und den Reaktionsweisen auf Herausforderungen. Persönlichkeit ist eine Mischung aus Temperament und Charakter. [46]

Damit wird auch deutlich, dass «Temperament» und «Charakter» untrennbar miteinander verbunden sind. Eine Veränderung des Charakters ist also auf der Grundlage und im Rahmen des jeweiligen Temperaments möglich. So kann sich der Charakter eines Menschen zum Beispiel in einer anderen Umwelt verändern, während sein Temperament als Basis stabil bleibt. Allerdings ist mit zunehmendem Alter auch eine (wachsende) Stabilität des Charakters festzustellen, insbesondere ab etwa dem 50. Lebensjahr.

Genetisch-veranlagte Merkmale der Persönlichkeit und des Verhaltens können phänotypisch entwickelt und «qualitativ» ausgebaut werden; höchst problematisch ist es jedoch, Merkmale zu entwickeln bzw. entwickeln zu wollen, für die keine genetische Disposition vorhanden ist. Zitat des Verhaltens-Genetikers Dean Hamer: «Wir können nicht alles sein, was wir sein möchten. Aber wir können all' das werden, was uns möglich ist». [47]

Nach der Definition des Entwicklungs-Psychologen Rainer Silbereisen «bestimmen die genetisch-geprägten Grundmuster der Persönlichkeit die Grundorientierung im Umgang mit der Welt». Die Inhalte möglicher Veränderungen der Persönlichkeit umreißt Silbereisen mit Begriffen wie «Partner, Weltbild, Denken...». [48]

Das Temperament stellt also gewissermaßen den unveränderbaren «Kern» der Persönlichkeit dar (Genotyp) und zeigt sich zugleich als «biologischer Rahmen» für den Charakter, der sich unter dem Einfluss der Umwelt entwickelt (Phänotyp).

Eine vereinfachende Analogie verdeutlicht diesen Zusammenhang: Durch den Kern (und die darin enthaltenen «Gene») einer Frucht wird festgelegt, ob sich daraus z. B. ein Pfirsich oder eine Pflaume entwickelt. Die Umwelt (Witterung, Standort, Bodenbeschaffenheit, Schädlinge oder Behandlung durch den Menschen) ist in hohem Maße für den «Charakter» und damit auch die Qualität des Fruchtfleisches verantwortlich. Aber: Welche Umweltbedingungen auch immer vorherrschen, aus einem Pfirsich-Kern wird sich niemals eine Pflaume entwickeln können, umgekehrt ebensowenig.

Über die bereits erwähnten Studien der Temperaments- und Zwillingsforschung hinaus zeigen eine Reihe weiterer Untersuchungen die Stabilität genetisch-veranlagter Persönlichkeits-Merkmale und Verhaltensweisen auf. **Daraus ergibt sich auch die Stabilität des auf genetischen Faktoren basierenden Structograms** (siehe auch S. 109).

Hierzu zwei Beispiele: Zur «Baltimore Langzeit-Studie über das Altern» wurden erste Zwischenergebnisse vorgelegt. Bei dieser Studie handelt es sich um das längstfristige Forschungsprojekt über den Alterungsprozess. Sie konzentriert sich nicht auf kranke und hinfällige ältere Menschen, sondern auf gesunde, aktive. Im Jahr 1997 waren 1143 Frauen und Männer beteiligt. **Zentrales Ergebnis: Die Grundstruktur eines Menschen ändert sich im Laufe des Lebens nicht; die Grundzüge bleiben vielmehr sehr stabil.**

In einer Längsschnitt-Studie der Universität London wurden 1037 Kinder untersucht, die in der Zeit zwischen April 1972 und April 1973 in der neuseeländischen Stadt Dunedin geboren wurden.

Bis zu ihrem 21. Lebensjahr wurden diese Kinder in Abständen von zwei bis drei Jahren untersucht. In die Daten-Analyse flossen neben den Urteilen der Wissenschaftler auch die Ergebnisse aus Persönlichkeits-Fragebogen ein, die die Probanden im jungen Erwachsenen-Alter ausfüllten; ebenso wurden die Angaben wichtiger Bezugspersonen berücksichtigt. **Die Studie ergab, dass die sich in früher Kindheit zeigenden Temperamente keine vorübergehende Erscheinung sind, sondern ein Leben lang bestehen bleiben.** [49]

Für die Biostruktur-Analyse bedeutsam ist die lebenslange Stabilität der genetisch-veranlagten Grundstrukturen der Persönlichkeit, wie sie sich im Temperament ausdrücken.

In den oft zitierten «frühkindlichen Erfahrungen» zeigen sich bestimmte Ausprägungen des genetisch-veranlagten Temperaments zum ersten Mal im Leben eines Menschen; dadurch haben die dabei zu beobachtenden Verhaltensweisen einen hohen Erkennungswert für die Umwelt in Bezug auf die genetische Veranlagung des Kindes.

Ein biologischer Unterschied in der Verteilung der Biostrukturen zeigt sich bei den Geschlechtern: Der weibliche Teil der Bevölkerung ist stärker im GRÜN/ROT-Bereich, der männliche Teil der Bevölkerung stärker im ROT/BLAU-Bereich vertreten. Es gibt natürlich keine scharfe Trennung, sondern nur ein statistisches Überwiegen, das aber doch deutlich erkennbar ist.

Mögliche kleine Verhaltensänderungen im Alter, die sich im Structogram niederschlagen, hängen auch zusammen mit dem rückläufigen Einfluss der Geschlechts-Hormone «Östrogen» (bei Frauen) und «Testosteron» (bei Männern) in ihrer Funktion als Neuro-Modulatoren (siehe auch Seite 98). Hierdurch kann es zu einer leichten Verschiebung zwischen der ROT- und der BLAU-Komponente kommen. Dabei ist mit einer Zunahme der BLAU-Komponente und einem Rückgang der ROT-Komponente zu rechnen. Die GRÜN-Komponente ist davon nicht betroffen.

Das menschliche Genom

Im Sommer des Jahres 2000 wurde vom damaligen amerikanischen Präsidenten Bill Clinton offiziell bekannt gegeben, dass das menschliche Genom im Prinzip entschlüsselt sei. Die Entschlüsselung des Human-Genoms ist jedoch nicht der Abschluss, sondern der Beginn der Erforschung unseres Erbguts. Die wirkliche Arbeit an der Aufklärung der «Informations-Moleküle» des Lebens geht jetzt erst los. Denn trotz der weitgehenden Entzifferung des menschlichen Genoms kennen wir den Text im Sinne eines Verständnisses dessen, was er bei der Entwicklung von Lebewesen und ihrer Leistungen zu sagen hat, noch lange nicht.

Menschenaffen stimmen zu rund 99 Prozent mit dem Menschen genetisch überein und 40 bis 60 Prozent unserer Proteine (Eiweißstoffe) sind mit denen eines Wurms oder einer Fliege identisch. Das heißt aber nicht, dass in dem einen Prozent Gene, das uns vom Menschenaffen unterscheidet, unsere Menschlichkeit verborgen ist: Der ganze Mensch ist in 100 Prozent seines Genoms angelegt, aber überreichlich davon ist altes und unleugbares Tier-Erbe – viel Tier im Menschen oder viel Mensch im Tier, wie immer man will. [50]

Das Genom des Menschen besteht aus über 3 Milliarden Nukleotiden (Elementar-Bausteine der DNA) mit etwa bis zu 40 000 Genen. Die Anzahl der Gene spielt allerdings nur eine sekundäre Rolle. Das Entscheidende ist die Interaktion der Gene miteinander und dass ein Gen zwei, drei oder noch mehr Aufgaben erfüllen kann; außerdem wird in der Regel eine Eigenschaft von mehreren Genen bestimmt. Die Genetiker sprechen hier von «Quantitative Trait Loci (QTL)», also von Gen-Sequenzen, die nur im Zusammenspiel mit anderen Genen beispielsweise ein Persönlichkeits-Merkmal bilden.

Hinzu kommt, dass etwa nur drei Prozent der DNA aus protein-codierenden Basensequenzen, den sogenannten Exons, bestehen, während die Funktionen der nicht-codierenden Basensequenzen, der sogenannten Introns, noch weitgehend unbekannt sind. Es wird vermutet, dass mit Hilfe der Introns komplexe Steuer- und Kontroll-

«Der genetische Code»

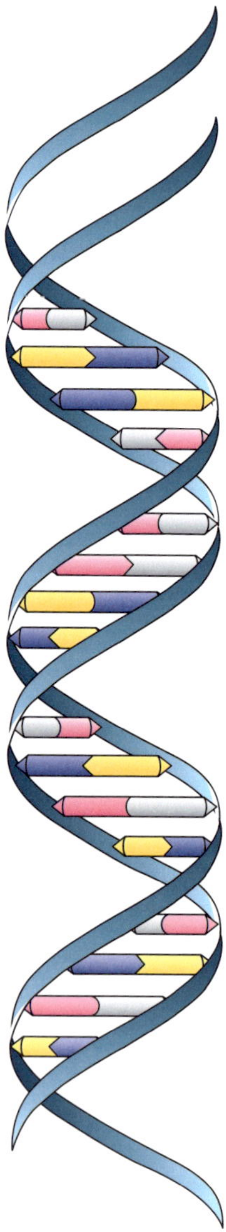

DNA-Doppel-Helix

Primär-Struktur mit den komplementären Basen-Sequenzen

- Adenin (A),
- Cytosin (C),
- Guanin (G),
- Thymin (T).

Bindungen entstehen jeweils nur zwischen A und T oder C und G.

funktionen ausgeübt werden. Zur Klärung dieser Zusammenhänge dürften die aktuellen und noch zu erwartenden Ergebnisse der Epi-Genetik beitragen. Die Epi-Genetik beschäftigt sich vornehmlich mit den Mechanismen der Gen-Expression und deren Auswirkungen. Speziell die «Biophotonen-Forschung» kann möglicherweise einen Schlüssel für die Steuerung der Gen-Exprimierung liefern. Einer der bekanntesten Wissenschaftler auf diesem Gebiet ist der deutsche Bio-Physiker Fritz Albert Popp. [51]

Weitere Erkenntnisse erhofft man sich von den Forschungsarbeiten zu «Proteomics» (Erforschung und Bedeutung der vom Genom produzierten Proteine). Unter dem Begriff «Meme» ist ein Forschungsansatz bekannt geworden, bei dem es um «zeitbezogene Tendenzen» der Evolution und deren Durchsetzung mit Hilfe genetischer Programme geht. Daraus könnten ebenfalls tiefere Einsichten in bisher unbewusste Zusammenhänge unseres Lebens entstehen. [52]

Dem Molekular-Biologen Seymour Benzer ist es gelungen, einzelne Gene und Gen-Komplexe zu ermitteln, die mit bestimmten Persönlichkeits-Merkmalen und Verhaltensweisen korreliert werden konnten. Benzer bewies bei der Erforschung des Erbguts der Fruchtfliege «Drosophila melanogaster» die Macht der Gene über das Verhalten. Seine Experimente konzentrierten sich zunächst auf die drei grundlegendsten Verhaltens-Komplexe: den Zeitsinn, das Sexualverhalten und die Fähigkeit zu lernen. Im Zusammenhang z. B. mit dem Zeitsinn zeigte er auf, dass der «Schlaf-Wach-Rhythmus» durch eine Gen-Familie mit der Bezeichnung «per» (für «period») gesteuert wird, und zwar durch ihren Einfluss auf die individuelle Stoffwechselrate. Die Vergleichbarkeit mit Menschen war gegeben, da viele Gene «universal» sind und bei jedem Lebewesen vorkommen, vom Wurm über die Katze bis zum Homo sapiens. Darüber hinaus, so Benzer, «herrscht auf der atomaren Ebene die Einheit allen Lebens».

Das Gen «hper2» aus diesem Gen-Komplex beeinflusst die innere Uhr des Menschen. Und dieser «eingebaute Zeitgeber» wirkt sich u. a.

über Stimmungen, Leistungsvermögen und Schmerzempfinden auf menschliches Verhalten aus. Auch der natürliche Tagesrhythmus eines Menschen wird genetisch-individuell gesteuert. Eine Studie der University of Surrey, England, zum Gen «per3» weist nach, dass nachtaktive Menschen eine kurze Variante, Frühaufsteher und -aktive dagegen eine längere Variante dieses Gens haben. [53]

Die menschliche Persönlichkeit kann grundsätzlich auf zweierlei Wegen erkärt werden: In der Psychologie und in der Verhaltensforschung wird meist versucht, aus erkennbaren Verhaltensäusserungen bzw. Persönlichkeits-Merkmalen auf die zugrunde liegende Persönlichkeit zu schliessen. Dies entspricht dem Weg **«von aussen nach innen» («Top-down Approach»)**. Dabei stellt das Gehirn jedoch eine «Black Box» dar, und es ist bei diesem Ansatz auch nicht möglich, die für das Verhalten zugrunde liegenden inneren Mechanismen zu erklären.

Benzer beschritt bei der Suche nach diesen Zusammenhängen einen neuen Weg: **Gene → Proteine → Neuronen → Gehirn → Verhalten.** Damit verfolgte er den Weg von **«innen nach außen» («Bottom-up Approach»).** Nur so wurde es möglich, nicht nur genetische Bedingungen und erkennbare Wirkungen auf das Verhalten festzustellen, sondern auch die damit verbundenen **Mechanismen.** [54], [55]

«Das altgriechische ‹Erkenne Dich Selbst› hat mit der Genom-Entschlüsselung eine neue Bedeutung bekommen. Was schon antike Philosophen als Weg zur Weisheit empfanden, kann auch heute so falsch nicht sein!» [50]

Die Biostruktur – «Management» des psychosomatischen Netzwerks

Die Biostruktur repräsentiert das «Verhältnis der individuellen Einfluss-Stärken der drei Gehirne». Dadurch wird die Grundstruktur der Persönlichkeit eines Menschen festgelegt. Von der Biostruktur gesteuerte endogene (innere) oder exogene (äußere) Impulse werden durch die drei Gehirne mit Hilfe des psychosomatischen Netzwerks in konkretes Verhalten umgesetzt. Das psychosomatische Netzwerk basiert auf ebenfalls drei Grund-Komponenten, die in enger Verbindung zu den drei Gehirn-Bereichen stehen. **Bei der nachfolgenden Erläuterung dieser Komponenten geht es primär um die funktionale Struktur des «psychosomatischen Netzwerks Mensch» und nicht um die Darstellung der Anatomie des menschlichen Körpers im Sinne einer «geographischen» Zuordnung und auch nicht um die Erklärung der dort im Einzelnen ablaufenden Prozesse.**

Um die funktionalen Zusammenhänge im psychosomatischen Netzwerk in ihrer Bedeutung für das menschliche Verhalten «vom Prinzip her» verständlich zu machen und übersichtlich darzustellen, ist eine Konzentration auf die wesentlichsten Informationen erforderlich. Die folgenden Ausführungen beziehen sich vor allem auf die Arbeiten des System-Forschers Reinhard Steffens [1], [56], die Lehrbücher [44], [57], [58] sowie [54], [59], [60]. Zu erwähnen sind in diesem Zusammenhang auch die Forschungsarbeiten von William H. Sheldon. [61], [62] Der interessierte Leser findet in der genannten Literatur weitere Details zu den Elementen und Mechanismen des psychosomatischen Netzwerks.

Die funktionalen Komponenten des psychosomatischen Netzwerks arbeiten – abgesehen von pathologischen Abnormitäten – bei allen Menschen grundsätzlich in gleicher Weise: Es handelt sich um spezies-typische Eigenschaften. **Im Gegensatz dazu wird das «Aktivitäts-Niveau» dieser Komponenten und ihr «Zusammenspiel» zur Steuerung des Verhaltens individuell geregelt, und zwar gemäß der individuellen Biostruktur.** Die drei funktionalen Komponenten des psychosomatischen Netzwerks sind:

Die BioChemie

Die BioChemie ist insbesondere für die Erzeugung, Übermittlung und Verarbeitung von Gefühlsregungen zuständig und wirkt vor allem über das vegetative System. Ihr «Tor zur Umwelt» ist die instinkthafte Wahrnehmung und non-verbale Kommunikation bei der Begegnung mit anderen Lebewesen. Die BioChemie wird hauptsächlich durch das **Stammhirn** gesteuert und bedient sich zur Erfüllung ihrer Aufgaben verschiedener «Neuropeptide», die ihre Wirkungen über entsprechende Rezeptor-Komplexe entfalten. [60] **Die BioChemie entspricht der GRÜN-Komponente im Structogram.**

Die BioMechanik

Die BioMechanik ermöglicht die Umsetzung von Emotionen und Impulsen in Form von Handlungen sowie die Bewegung des Körpers in der Umwelt (Motorik). Diese Aktivitäten werden primär durch das **Zwischenhirn (Limbisches System)** gesteuert und mit Hilfe der Muskulatur und des Skeletts realisiert. Ihre Auslösung erfolgt durch endogene oder durch exogene Impulse bzw. Reize, die oft unmittelbar («impulsiv») beantwortet werden. **Die BioMechanik entspricht der ROT-Komponente im Structogram.**

Die BioElektrik

Die BioElektrik bewirkt die neurale Signalübertragung im psychosomatischen Netzwerk und ermöglicht als besondere Funktionen des **Großhirns (Neokortex)** eine digitale Informationsverarbeitung, rationales Bewusstsein und kognitive Prozesse. Elektrische Erregungsmuster führen im Großhirn zur Bildung von «Vorstellungen», einem bio-elektrischen, neuronalen Substrat des psychosomatischen Netzwerks. Diese Vorstellungen bilden die Ausgangsbasis für kognitive Prozesse. **Die BioElektrik entspricht der BLAU-Komponente im Structogram.**

Die BioElektronik

Die BioElektronik regelt das Aktivitäts-Niveau und das Zusammenspiel der drei funktionalen Komponenten im psychosomatischen Netzwerk gemäß den «Vorgaben» der individuellen Biostruktur. Dies geschieht mit Hilfe spezifischer **Neurotransmitter** (Gehirn-Botenstoffe); siehe Seite 98 ff. Auf diese Weise werden letztlich reale «Verhaltens-Äußerungen» beim Menschen ausgelöst. Dabei beeinflussen sich die Komponenten des psychosomatischen Netzwerks auch wechselseitig und lösen so Wirkungen und Resonanzen bei den jeweils anderen Komponenten aus.

Durch die Biostruktur entsteht eine individuelle **«Dominanz-Hierarchie»** der psychosomatischen Komponenten mit individuell-unterschiedlichen Prioritäten und Rangfolgen bei der Ansprache dieser Komponenten. So können gleiche Ausgangsbedingungen bei verschiedenen Menschen zu unterschiedlichen Reaktionen und Bewältigungs-Strategien und damit zu unterschiedlichen psychosomatischen Prozessabläufen führen.

Die BioElektronik stellt das «operative» Bindeglied zwischen der individuellen Biostruktur und dem psychosomatischen Netzwerk dar und regelt somit auch die Wirkung der Structogram-Komponenten auf das Verhalten.

Die hier beschriebene funktionale Struktur des psychosomatischen Netzwerks insgesamt ist – wiederum in einer vereinfachenden Analogie gesehen – im weitesten Sinne vergleichbar mit der funktionalen Struktur eines Unternehmens, wie sie vielfach in Form eines «Organigramms» dargestellt wird.

Die Homöostase des psychosomatischen Netzwerks

Als Steuergrößen zur Umsetzung einer Dominanz-Hierarchie dienen die individuellen Vorgaben der «genotypischen Homöostase». Unter «Homöostase» ist das «genetisch-veranlagte Gleichgewichtsniveau des psychosomatischen Netzwerks» zu verstehen, das auch in der individuellen Biostruktur zum Ausdruck kommt. Die BioElektronik kontrolliert Abweichungen vom homöostatischen Gleichgewicht im Rahmen der ebenfalls genetisch-verankerten Plastizität zur Bewältigung situativer Herausforderungen. Damit entsteht ein «Fließgleichgewicht» zur Aufrechterhaltung des psychosomatischen Netzwerks. Zur Erfüllung dieser Aufgabe **in Bezug auf das Verhalten** stehen verschiedene Neurotransmitter zur Verfügung, die ihre Wirkung über genetisch-veranlagte Rezeptor-Komplexe entfalten, wie sie von der BioChemie her bekannt sind:

- **Serotonin für die BioChemie/das Stammhirn,**
- **Noradrenalin/Adrenalin für die BioMechanik/das Zwischenhirn sowie**
- **Dopamin (nigrostriatales/mesolimbisches) für die BioElektrik/das Großhirn.**

Weitere Neurotransmitter, wie z. B. GABA (Gamma-Aminobuttersäure), Glutamat oder Aspartat, wirken dabei als Modulatoren; das heißt, dass sie bei der situativen Dosierung der jeweiligen Neurotransmitter mitwirken.

Die mit der Biostruktur verbundenen Steuerungsfunktionen beziehen sich auf Einsatz und Wirkungsweise der genannten Transmitter im **Gehirn.** Die gleichen Botenstoffe finden – zum Teil unter dem Begriff «Hormone» – auch in anderen Bereichen des psychosomatischen Netzwerks Verwendung; dort kommt ihnen in erster Linie eine «ausführende» Funktion zu.

Die individuellen homöostatischen Einfluss-Stärken der Neurotransmitter, wie sie sich in der Biostruktur bzw. im Structogram zeigen, sind genetisch festgelegt und nicht veränderbar.

Ein wichtiger Faktor zur Aufrechterhaltung der Homöostase ist die genetisch gesteuerte Menge der **jeweils** produzierten Rezeptoren für die einzelnen Neurotransmitter. Beispielsweise ist ein Gen mit der Bezeichnung «D4DR» für die Produktion eines Rezeptors verantwortlich, der an der Wirkung des Neurotransmitters Dopamin maßgeblich beteiligt ist. Dopamin wiederum steht in Verbindung mit der Ausprägung des Persönlichkeits-Merkmals «Suche nach Neuem», einem Merkmal des Großhirns (BLAU-Komponente im Structogram). Generell bestätigen aktuelle molekular- und neurobiologische Untersuchungen die Bedeutung der Neurotransmitter für das Verhalten.

Neben ihrer **direkten Wirkung** beeinflussen die genannten Neurotransmitter auch das **Zusammenspiel** der drei Hirnbereiche gemäß der individuellen Dominanz-Hierarchie. Die Abbildung auf Seite 100 zeigt die **funktionale Zuordnung** der spezifischen Neurotransmitter sowie der hier wichtigsten **Hirnteile** (in weisser Schrift) zu den drei **Hirnbereichen** «Stamm-, Zwischen- und Großhirn» und damit auch zu den Komponenten des Structograms. Zusätzlich zur Darstellung der einzelnen Hirnbereiche mit ihren Neurotransmittern sind auch die **«Schnittstellen»** erkennbar [56], über die das **Zusammenspiel** der Hirnbereiche koordiniert wird.

Die Zugehörigkeit der Neurotransmitter und der Schnittstellen zu den einzelnen Hirnbereichen geht aus der Farbgebung in der Abbildung hervor. Die hauptsächlichen Wirkungen der Neurotransmitter in Bezug auf ihre Schnittstellen-Funktionen sind durch «+» (exitatorisch/anregend) bzw. «-» (inhibitorisch/hemmend) schematisch dargestellt. **Damit werden zugleich die Wechselwirkungen zwischen den drei Komponenten des Structograms deutlich, beispielsweise, ob die zweitstärkste Komponente die dominante Komponente zusätzlich anregt oder eher hemmt.**

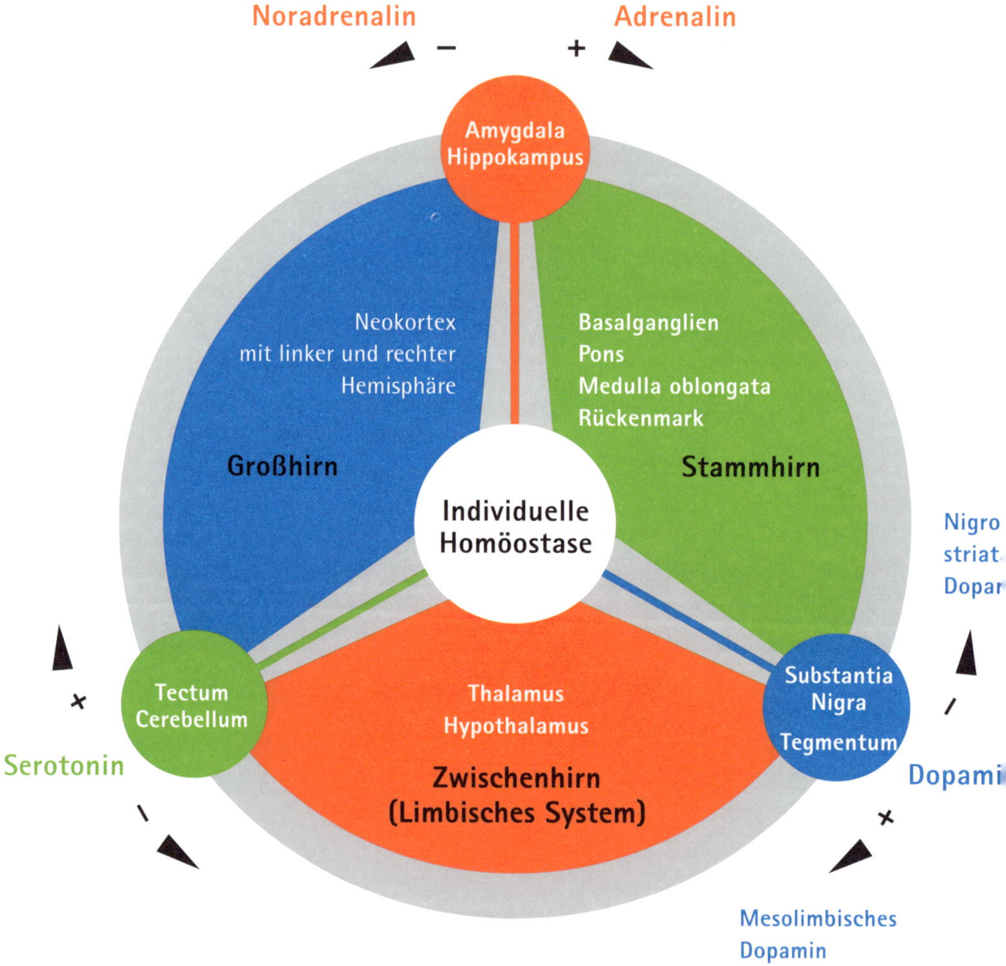

+ exitatorisch (anregend)

– inhibitorisch (hemmend)

Die Biostruktur

HELIGRAMM®-Darstellung nach Reinhard Steffens, 1999

Die Structogram-Komponenten im Heligramm

Um die wechselseitige Beeinflussung und damit das Zusammenwirken der drei Structogram-Komponenten besser zu verstehen, ist es zweckmäßig, zunächst die von einer individuellen Dominanz-Hierarchie unabhängigen Einflüsse zu analysieren. Dazu ist generell anzumerken, dass durch das Zusammenspiel der Komponenten ihre jeweilige Ausprägung nicht verändert wird. Jedoch können die einzelnen Komponenten – je nach ihrer relativen Stärke – die Aktivierung der jeweils anderen Komponenten fördern oder hemmen. Auch dies geschieht mit Hilfe der entsprechenden Neurotransmitter und ihrer Rezeptoren, die ihre Wirkung nicht nur direkt in ihren «eigenen» Domänen entfalten, sondern die über psychosomatische Prozesse und neurale Projektionen sowie mittels spezifischer Rezeptoren auch in «fremden» Hirnbereichen wirken. Nach der Abbildung auf Seite 100 geschieht dies im Allgemeinen auf folgende Weise (Haupteinflüsse ungeachtet situativer Sonderbedingungen):

GRÜN-Komponente: wirkt mit Hilfe von **Serotonin** über das «Tectum» anregend auf die BLAU-Komponente und über das «Cerebellum» hemmend auf die ROT-Komponente;

ROT-Komponente: wirkt mittels **Adrenalin** über die «Amygdala» anregend auf die GRÜN-Komponente und mittels **Noradrenalin** über den «Hippokampus» hemmend auf die BLAU-Komponente;

BLAU-Komponente: wirkt durch **Mesolimbisches Dopamin** des «Ventralen Tegmentums» anregend auf die ROT-Komponente und durch **Nigrostriatales Dopamin** der «Substantia Nigra» hemmend auf die GRÜN-Komponente.

Es bleibt festzuhalten, dass die Hauptfunktionen der einzelnen Hirnbereiche (Structogram-Komponenten) in Bezug auf das Verhalten von ihrer jeweiligen Stellung in der individuellen Dominanz-Hierarchie (Biostruktur) abhängen. Generell gilt:

Stärkste Komponente: ist zuständig für die grundlegende Motivation, die Resonanz-Charakteristik sowie die Grundmuster des Verhaltens in Aktion und Reaktion;

Zweit-Komponente: spielt eine wesentliche Rolle bei der Umsetzung von «Vorgaben» der stärksten Komponente, insbesondere, wenn die stärkste Komponente sich «im Außen» nicht alleine durchsetzen kann;

Schwächste Komponente: ist häufig schon mit der Erfüllung notwendiger Grundfunktionen im psychosomatischen Netzwerk ausgelastet (z. B. Stoffwechsel-Funktionen); in der Regel stehen nur bedingte Reserven zur Unterstützung der anderen Komponenten zur Verfügung.

Die Intensität der möglichen Kooperation bzw. gegenseitigen Unterstützung hängt zum einen von der relativen Einfluss-Stärke der jeweiligen Komponenten ab, zum anderen können die grundsätzlich unterschiedlichen Arbeitsweisen und Zielbestimmungen der einzelnen Komponenten auch zu Konflikten im Zusammenspiel der Hirnbereiche führen. Hinzu kommen situative Einflüsse, die ggf. im Rahmen der Plastizität bewältigt werden. Die Beanspruchung der einzelnen Komponenten hängt dann in erster Linie von der spezifischen Bedeutung der situativen Anforderungen ab. Die Verhaltens-Effizienz dürfte optimal sein, wenn ein Mensch gemäß seiner homöostatischen Dominanz-Hierarchie (also seiner individuellen Biostruktur) agieren und reagieren kann.

Die Besonderheiten, die sich aus einem ausgeglichenen Structogram bzw. einer Doppel-Dominanz ergeben, sind hier entsprechend zu beachten.

Aus der Rangfolge der einzelnen Structogram-Komponenten innerhalb der jeweiligen Dominanz-Hierarchie ergeben sich unterschiedliche Effekte beim Zusammenwirken der Komponenten. Bei einer Rangfolge im Uhrzeigersinn (GRÜN-ROT-BLAU, ROT-BLAU-GRÜN oder BLAU-GRÜN-ROT) ist generell folgendes Wirkungsmuster zu erwarten:

- Die stärkste Komponente hemmt die Zweit-Komponente, regt aber die schwächste Komponente zusätzlich an;
- die Zweit-Komponente hemmt die schwächste Komponente, regt dagegen die stärkste Komponente zusätzlich an;
- die schwächste Komponente hemmt die stärkste Komponente, regt jedoch die Zweit-Komponente zusätzlich an.

Daraus resultiert prinzipiell eine Verstärkung der Dominanz-Hierarchie oder mit anderen Worten eine «Stabilisierung der Verhältnisse»: In der Rangfolge «abwärts» wird die jeweils nachfolgende Komponente gehemmt, während «nach oben» eine Verstärkung erfolgt.

Verläuft die Rangfolge der Structogram-Komponenten jedoch gegen den Uhrzeigersinn (GRÜN-BLAU-ROT, BLAU-ROT-GRÜN oder ROT-GRÜN-BLAU) ergibt sich folgendes Wirkungsmuster:

- Die stärkste Komponente regt die Zweit-Komponente an, hemmt jedoch die schwächste Komponente;
- die Zweit-Komponente regt die schwächste Komponente an, hemmt dagegen die stärkste Komponente;
- die schwächste Komponente regt die stärkste Komponente zusätzlich an, hemmt aber die Zweit-Komponente.

Hierdurch entsteht eher eine Tendenz zum häufigeren Zusammenwirken der Komponenten. In der Rangfolge «abwärts» wird die jeweils nachfolgende Komponente gestärkt, während «nach oben» eine Hemmung erfolgt.

Beispiele

Die allgemeinen Ausführungen über die grundlegenden Wechselwirkungen beim Zusammenspiel der Structogram-Komponenten sollen anhand einiger Beispiele verdeutlicht werden. **Dabei wird auf die in der STRUCTOGRAM®-Matrix zusammengefassten Merkmale der Persönlichkeit und des Verhaltens zurückgegriffen** (vgl. Seite 72; die entsprechenden Begriffe sind nachfolgend durch « » hervorgehoben). Im konkreten Fall sind natürlich die relativen Einfluss-Stärken der drei Komponenten zueinander von Bedeutung, die generellen Aussagen der Beispiele sind dann entsprechend zu gewichten. Gegebenenfalls können auch situative Einflüsse das reguläre Zusammenwirken der drei Hirnbereiche beeinträchtigen.

Merkmal: «Beziehung zu Menschen»

- **Stärkste Komponente: GRÜN**
  Zweit-Komponente: ROT
  Schwächste Komponente: BLAU

Ein natürliches «Gespür für Menschen» fördert über Resonanz im Außen auch eine «Allgemeine Beliebtheit»; die wird durch «Natürliche Autorität» weiter gefestigt. Das «Streben nach menschlicher Nähe» bremst jedoch die «Neigung zum Wettbewerb»; ein «Streben nach Überlegenheit» wird damit relativiert. Anflüge von «Zurückhaltung», etwa aufgrund schlechter Erfahrungen, werden bei starker GRÜN-Dominanz leicht überwunden.

- **Stärkste Komponente: GRÜN**
  Zweit-Komponente: BLAU
  Schwächste Komponente: ROT

Hier wird ein zu starkes «Streben nach menschlicher Nähe» durch eine rational geprägte «Zurückhaltung», die oft auf negativen Erfahrungen basieren kann, verhindert. Das «Gespür für Menschen» lässt häufig ein «Streben nach Sicherheitsabstand» angeraten erscheinen; dagegen hält die damit einhergehende «Tendenz zur Verschlossenheit» das natürliche Ausmaß an «Allgemeiner Beliebtheit» in Grenzen. Zugleich wird dadurch aber eine gewisse strategische «Überlegenheit» gefördert.

Merkmal: «Orientierung in der Zeit»

- **Stärkste Komponente: ROT**
  Zweit-Komponente: BLAU
  Schwächste Komponente: GRÜN

Die Fähigkeit zum «Erfassen des Augenblicks» provoziert gleichzeitig «Impulsives Handeln», das durch stets präsente «Aktivität und Dynamik» ermöglicht und kaum durch ein «Bedenken der Konsequenzen» behindert wird. Andererseits fördert das «Streben nach Fortschritt» eine erhöhte «Aktivität und Dynamik», die zuweilen auf «Planvolles Handeln» zurückgreift. Das «Erfassen des Augenblicks» lässt aber möglicherweise ein «Vermeiden radikaler Veränderungen» ratsam erscheinen. «Impulsives Handeln», verbunden mit dem «Streben nach Fortschritt», setzt dagegen ein zu starkes Beharren durch «Bauen auf Vertrautes» oder «Handeln aus Erfahrung» recht problemlos außer Kraft.

- **Stärkste Komponente: ROT**
  Zweit-Komponente: GRÜN
  Schwächste Komponente: BLAU

In diesem Fall wird zu forsches «Impulsives Handeln» weniger durch ein «Bedenken der Konsequenzen» gebremst, als vielmehr durch häufig leidvolle «Erfahrungen», insbesondere mit radikalen Veränderungen. «Aktivität und Dynamik» richten sich hier vornehmlich auf den Versuch, bewährte Zustände wiederherzustellen nach dem Motto «Bauen auf Vertrautes». Damit wird ein «Streben nach Fortschritt» – und zwar meist unbewusst – ausgebremst, während «Planvolles Handeln» zur «Vermeidung radikaler Veränderungen» genutzt wird. Häufig erfolgt eine nachträgliche Rechtfertigung des «Handelns aus Erfahrung» mit Hilfe warnender «Bedenken der Konsequenzen» im Falle von Veränderungen.

Merkmal: «Denk- und Arbeitsweise»

- **Stärkste Komponente: BLAU**
  Zweit-Komponente: GRÜN
  Schwächste Komponente: ROT

«Systematisches, analytisches Denken», «Hohes Abstraktionsvermögen» und ein mitunter extremer «Hang zur Perfektion» beflügeln sich wechselseitig. Oft verdrängen sie sogar die zur Umsetzung von Plänen und Vorstellungen hilfreichen oder gar notwendigen Faktoren «Intuitives Denken und Fingerspitzengefühl» sowie «Verlässliche erste Eindrücke». Im Gegenzug verhilft aber die «Fantasie» oft erst zur Bildung von Vorstellungen und Konzepten, die der Denk- und Arbeitsweise von BLAU gerecht werden. Durch diese Art von «Fantasie» wird jedoch ein «Schnelles Erkennen des Machbaren» in aller Regel weitgehend verhindert. Die dominante BLAU-Komponente fördert hier noch eher die «Neigung zum Improvisieren», mit deren Hilfe auch ungewöhnliche Modellvorstellungen umgesetzt werden sollen. «Konkretes, praktisches Denken» kommt häufig erst dann zum Zuge, wenn die Umsetzung abstrakter Entwürfe ins Stocken gerät und wenn «Fantasie» zusammen mit «Intuitivem Denken und Fingerspitzengefühl» sowie einer «Neigung zum Improvisieren» akute Probleme überwinden sollen.

- **Stärkste Komponente: BLAU**
  Zweit-Komponente: ROT
  Schwächste Komponente: GRÜN

Bei dieser Konstellation wird die gesamte Vorstellungskraft von BLAU soweit als möglich in «Konkretes, praktisches Denken» transformiert, das dann – ggf. in einem Trial-and-Error-Verfahren – im Außen umgesetzt werden soll. Dabei hilft das «Schnelle Erkennen des Machbaren», einen Fehleinsatz der Kräfte zu vermeiden; gewisse Reibungsverluste können bei der bestehenden «Neigung zum Improvisieren» jedoch nicht völlig ausgeschlossen werden. Sind «Intuitives Denken und Fingerspitzengefühl» sowie «Fantasie» nur sehr schwach vertreten, können die Modellvorstellungen der BLAU-Komponente oft nicht in genügendem Maße an reale Chancen angepasst werden. Da ein Mensch mit Zweit-Komponente ROT aber nur ungern aufgibt, können bei dem Versuch der Durchsetzung eigener Vorstellungen oft hohe Reibungsverluste entstehen.

Homöostase und Verhalten

Die Kenntnis des eigenen, persönlich-individuellen Structograms bedeutet auch die bewusste Kenntnis der eigenen, individuellen homöostatischen «Balance-Position». Diese Balance-Position ist «Maßstab» wie «Wegweiser» für die individuellen Reaktionen auf die Herausforderungen der Umwelt.

Der damit verbundene «Balance-Mechanismus» (Fließgleichgewicht) ist auch der Grund dafür, dass Persönlichkeits-Merkmale und Verhaltensweisen, die von der genetisch-veranlagten Grundstruktur eines Menschen abweichen, nur schwer dauerhaft aufrechtzuerhalten sind, und zwar unabhängig davon, ob diese Abweichungen von der individuellen Homöostase bewusst oder unbewusst entstehen.

Bei Abweichungen bewirkt die individuelle Homöostase, dass der Mensch in aller Regel «automatisch» in seine genotypisch gesteuerten Grundmuster «zurückfällt». **Daraus resultiert letztlich auch die Stabilität der genetisch-veranlagten Persönlichkeits-Merkmale bzw. Verhaltensweisen über den gesamten Lebenszeitraum.**

Eine gewollte bzw. zwanghafte Aufrechterhaltung von Verhaltensweisen, die der eigenen Homöostase zuwiderlaufen, erfordert nicht nur hohen Energieaufwand, sondern führt auf Dauer auch zu psychosozialem Stress und den daraus resultierenden negativen Folgeerscheinungen (siehe auch Seite 114 ff.).

Biostruktur und individuelle Verhaltensmuster

Unvorhergesehene Ereignisse, mit denen uns das Leben konfrontiert, haben oft einen grossen Einfluss auf unser Leben. Sie geben Impulse, eröffnen neue Perspektiven oder zwingen uns zu reagieren. Insofern steuert das Leben uns. Doch wie wir damit umgehen, wie wir reagieren, hängt stark von unserer Persönlichkeits-Struktur ab: Es ist eine Frage der individuellen Resonanz- und Reaktionsmuster. Und mit unseren Reaktionen greifen wir dann in die Lebenssteuerung ein, in unsere eigene, wie in die anderer. [43] Mit anderen Worten: Die Struktur hat einen grossen Einfluss auf die Prozesse. Wird zum Beispiel ein Stück Holz, ein Stein oder ein Papierknäuel in einen Teich geworfen, so wird durch die Struktur des jeweiligen Gegenstands auch der nachfolgende Prozess massgeblich bestimmt.

In den anthropologischen Forschungsrichtungen zeigt sich immer öfter die enge Verbindung neuer Erkenntnisse zu den Merkmalen und damit auch zum Prinzip der individuellen Biostruktur. So lassen sich auch die spezifischen Eigenschaften, die der Psychiater und Verhaltens-Genetiker C. Robert Cloninger zur Unterscheidung typischer Persönlichkeits-Strukturen herausgearbeitet hat, eindeutig den Structogram-Komponenten zuordnen: Cloningers «Schmerzvermeidung» entspricht der GRÜN-Komponente, «Belohnungsabhängiges Temperament und äußere Anerkennung» der ROT-Komponente und «Suche nach Neuem» der BLAU-Komponente. [63]

Ein Beitrag aus der Krebs-Forschung macht deutlich, dass die Biostruktur nicht nur zur Erkennung fixer, unveränderbarer Grundstrukturen der Persönlichkeit dient, sondern sich damit zugleich als Grundlage zum Verständnis essenzieller Lebensprozesse zeigt. So hat der japanische Kultur-Anthropologe Hiroshi Oda das Phänomen der Spontanheilung bei Krebs-Patienten untersucht. Er hat dabei festgestellt, dass es dabei kein einheitliches «Rezept» gibt; vielmehr wird der Weg zur Heilung entscheidend von der Biostruktur des Patienten geprägt. Oda teilt Spontan-Remissionen in drei «Grund-Typen» ein, die beeindruckende Übereinstimmungen mit den Structogram-Komponenten aufweisen. [64]

Diese und andere Untersuchungen machen nachdrücklich deutlich, dass es ein falscher Weg ist, nach Ursache-Wirkungs-Relationen und Problemlösungen zu suchen, die für alle Menschen gleichermaßen gelten. **Die Erkenntnisse um die Biostruktur weisen den Weg zu neuen Konzepten, um auch die individuelle Ausprägung und Relevanz psychosomatischer Prozesse – aufgrund der jeweiligen Persönlichkeits-Struktur – besser erkennen, verstehen und beurteilen zu können.**

Authentizität und Persönlichkeits-Entwicklung

Laut Duden steht der Begriff «Authentizität» für «Echtheit». Nur, was ist «Echtheit im Verhalten» konkret? Der amerikanische Psychologe Carl Rogers führt dazu aus: «Was verstehe ich unter ‚echt' sein? Ich glaube, das bedeutet, ... eine Person sein, nicht ein Aushängeschild oder eine Fassade». [in 65]

«Echtheit» steht in direktem Bezug zu «Selbst-Kongruenz» und «Individualität». Wie sagt der Volksmund so treffend: «Wer in die Fußstapfen anderer tritt, hinterlässt keine eigenen Spuren!»

Vor diesem Hintergrund ermöglichen die Erkenntnisse aus der Biostruktur eines Menschen eine umfassende und zugleich präzise Definition von «Authentizität»: **Es ist die erkennbare Stimmigkeit zwischen der genetisch-veranlagten Persönlichkeits-Struktur und dem erlernten Verhalten.**

Um in der bereits angesprochenen Analogie zu bleiben: «Die Software-Programme des Bio-Computers Gehirn sollten ‹kompatibel› zu seinem Betriebs-System sein.» Diese «Kompatibilität» führt zur Authentizität der Persönlichkeit. Und Authentizität ist nicht nur eine zentrale Voraussetzung für ein erfolgreiches Berufs- und Privatleben (siehe auch Seite 119 f.), sondern auch für die geistige, seelische und körperliche («psychosomatische») Gesundheit. C.G. Jung hatte bereits in den 20er- Jahren des vergangenen Jahrhunderts erkannt, dass eine «Umkehrung des Typus» zu physiologischen Störungen führen kann.

Natürlich wird tagtäglich jeder Mensch **situativ** bestimmte «Rollen» annehmen bzw. «spielen» müssen, die nicht zu ihm «passen». Bereits bei dem Versuch jedoch, **auf Dauer** eine Rolle zu spielen oder sich Verhaltensweisen «anzutrainieren», die nicht stimmig sind zur eigenen individuellen Grundstruktur, entsteht durch das Verlassen der homöostatischen Balance ein konstanter Stress-Zustand (Konflikt- bzw. Dis-Stress). Dies gilt in besonderem Maße, wenn die schwächste Structogram-Komponente «überfordert» wird.

Zum gleichen Stress-Zustand führt auch ein äußerer «Zwang», **ständig** ein bestimmtes, der eigenen Grundstruktur widersprechendes Verhalten zeigen zu müssen: So werden beispielsweise häufig Mitarbeiter von ihren Führungskräften «gezwungen», ihre Arbeit in einer bestimmten **Art** zu verrichten (im Sinne eines bestimmten Arbeitsstils bzw. Arbeitsverhaltens), die in der spezifischen Persönlichkeits-Struktur der jeweiligen Führungskraft begründet ist, die Individualität des Mitarbeiters jedoch nicht berücksichtigt.

Für Führungskräfte gilt vom Prinzip her Ähnliches: «So wenige Führungskräfte haben den Mut, sich selbst zu leben, also Individuum zu sein. Die Anpassungszwänge gerade in Großunternehmen werden als so stark erlebt, dass es allemal einfacher erscheint, die individuellen Anlagen und Stärken hinter der jeweils gerade geforderten ‹Erfolgs-Persönlichkeit› zu verstecken.» [66]

Daraus resultiert auch die Stressproblematik, die aus der Anwendung von «nicht-kompatiblen» Führungs-Methoden, Verkaufs-Techniken oder Zeitplanungs-Systemen entsteht. [67]

Ein Hauptfaktor für die Entstehung von psychosozialem Stress ist das dauerhafte «Fehlen» von Authentizität.

Psychosozialer Stress und seine gesundheitlichen Folgen

Folgen mangelnder Authentizität und des damit verbundenen psychosozialen Stresses sind Überforderung, Entfremdung von der Arbeit, Unzufriedenheit, Selbstzweifel und Empfindung von Sinnlosigkeit. Hinzu kommen Unglaubwürdigkeit, z. B. gegenüber Mitarbeitern oder Kunden, und – nicht zuletzt – beruflicher Misserfolg.

Vor allem aber weisen zahlreiche Untersuchungen die negativen gesundheitlichen Folgen eines konstanten psychosozialen Stresses nach: Psychosozialer Stress, der durch eine gehemmte **«Selbstregulation»** entsteht, führt zu hohen Krankheitsrisiken. Unter «Selbstregulation» versteht der Mediziner Ronald Grossarth-Maticek «die Fähigkeit, durch kompetente Eigenaktivität ein hohes Maß an Wohlbefinden, Lust und Sicherheit zu erreichen.» Statistisch gesehen, leben Menschen mit starker Selbstregulation deutlich länger, werden seltener krank und haben selbst bei einer Krebserkrankung sehr viel höhere Chancen, diese erfolgreich zu bewältigen. [68]

Andere Forscher sprechen in diesem Zusammenhang auch von **«Autonomie»**, **«Kontroll-Überzeugung»** und **«Selbstverantwortung»:** Menschen unterscheiden sich darin, ob sie glauben, ihr Leben und ihr Wohlergehen selbstbestimmt beeinflussen zu können oder nicht. Wer meint, stark abhängig von anderen zu sein und das Gefühl hat, nicht in der eigenen individuellen Art seine Arbeit verrichten zu können, reagiert heftiger auf Stress, wer dagegen zufriedener seine Arbeit erledigt, wird seltener krank. Mit anderen Worten: «Nicht eine hohe Arbeitsbelastung, auch nicht Krisen oder Konflikte machen uns krank, sondern das Gefühl, nicht mehr Herr des Verfahrens zu sein und das eigene Leben nicht mehr steuern und beeinflussen zu können.» [69]

Viele der sogenannten «Anti-Stress-Programme» finden ihre Berechtigung sicherlich in der Bewältigung akuter Stress-Situationen. Sie stellen aber häufig nur ein «Laborieren an Symptomen» dar.

Die der Biostruktur entsprechende, persönlich-individuelle Homöostase bildet die Grundlage für psychisch normales Verhalten. Eine Änderung dieses Gleichgewichts durch konstanten psychosozialen Stress führt zu psychischen Funktionsstörungen und ist für die Entstehung psychischer sowie psychosomatischer Erkrankungen von besonderer Bedeutung. [58]

Dabei kommen – vom Prinzip her gesehen – folgende Mechanismen zum Tragen: Der psychosoziale Stress führt dazu, dass der Hypothalamus im Zwischenhirn mehr «CRF» (Corticotropin-Releasing-Faktor) produziert. **CRF wird vor allem in persönlich bedeutsamen Situationen aktiviert, die als unkontrollierbar, neu oder bedrohlich erlebt werden.**

CRF startet eine biochemische Kaskade: Als erstes bewirkt es in der Hypophyse (Gehirnanhangdrüse) die Produktion des Botenstoffes «ACTH» (Adrenocorticotropes Hormon). ACTH gelangt zur Nebennieren-Rinde und regt dort die Ausschüttung des Stress-Hormons «Cortisol» an. Cortisol verteilt sich im Blutkreislauf und macht den Körper «kampf- und fluchtbereit»: Die Muskeln erhalten mehr «Brennstoff», die Wachsamkeit wird gesteigert. Normalerweise hemmt Cortisol die Produktion von CRF und ACTH. Bei dauerhaftem psychosozialem Stress misslingt diese biochemische Reaktion. Das Gehirn wird ständig von CRF überflutet. Untersuchungen an der Universität Trier zeigen, dass bei manchen Menschen – wahrscheinlich aufgrund genetischer Faktoren – in Stress-Situationen **zu wenig** Cortisol produziert wird («Hypocortisolismus»); die negativen gesundheitlichen Folgen sind ähnlich.

Die Psycho-Neuro-Immunologie hat bestätigt, dass psychosozialer Dauerstress zu psychischen bzw. psychosomatischen Störungen (wie z. B. Nervosität, Depressionen, Lust- bzw. Antriebslosigkeit, mangelnde Konzentrationsfähigkeit oder Schlafstörungen) und auch zu einer Schwächung des Immunsystems führt. [70]

In der Herz-Medizin konnten amerikanische Forscher aufzeigen, dass Psycho-Stress die Blutgefäße blockiert und zur gefürchteten «Plaquebildung» führt. Eine Untersuchung an der University of Texas, in der über einen Zeitraum von sechs Jahren die Krankendaten von 2 500 Personen ab 65 Jahren ausgewertet wurden, belegt, dass unglückliche Menschen ein dreimal höheres Risiko für Schlaganfall haben als die glücklichen. Bei Männern zeigt sich dieser Zusammenhang noch stärker als bei Frauen. Die Gefährlichkeit des psychosozialen Stresses zeigen auch die Untersuchungen zum Magengeschwür: Stress kann die Entwicklung eines Magengeschwürs ebenso fördern wie seine Heilung beeinträchtigen oder einen Rückfall provozieren. [71]

Gesundheits-Psychologen und Molekular-Mediziner der Universität Auckland, Neuseeland, untersuchten 47 Patienten mit einem Leistenbruch vor und nach dem chirurgischen Eingriff. Im Wundsekret derjenigen, die während des vorangegangenen Monats viel Stress hatten, fand sich ein niedrigerer Level an Interleukin-1 als bei den weniger gestressten Patienten. Dieser Immun-Botenstoff spielt in der ersten Phase der Wundheilung eine Schlüsselrolle. [72]

«Psychosoziale Gesundheit im ganzheitlichen Sinn (körperlich, seelisch-geistig und vor allem sozial) wird in diesem Jahrhundert der größte Wachstums-Motor sein», prognostiziert der Zukunftsforscher Leo A. Nefiodow die langfristigen Mega-Trends. Mangelnde psychosoziale Gesundheit hat schon heute negative Auswirkungen auf den Unternehmens-Erfolg: Etwa 40 Prozent der deutschen Arbeitnehmer haben innerlich gekündigt, rund 60 Prozent der deutschen Führungskräfte leiden unter Neurosen, und jeder dritte Patient, der einen Arzt aufsucht, leidet an psychosomatischen Krankheiten. [73]

Laut der Weltgesundheits-Organisation WHO werden durch den täglichen Arbeits-Stress zukünftig Angst-Neurosen und Depressionen nach Herz-Kreislauf-Erkrankungen die häufigste Ursache für

Arbeitsunfähigkeit sein. Nach Einschätzung von Wissenschaftlern der Fachhochschule Köln belaufen sich die gesellschaftlichen Kosten von beruflichem Stress und seinen Folgen auf über 50 Mrd. Euro jährlich.

Auch hier zeigt sich, dass andauernde mangelnde Authentizität zu dauerhaftem psychosozialem Stress führt, da ein Mensch in den homöostatischen Potenzialen seiner Neurotransmitter überfordert wird.

Das Gehirn (und das gesamte psychosomatische Netzwerk) strebt immer wieder die persönlich-individuelle Gleichgewichtslage an. Eine dauerhafte Abweichung von dieser homöostatischen Balance durch mangelnde Authentizität kann – je nach Schwere – zu einer massiven Störung im gesamten biochemischen Haushalt der Neurotransmitter und Hormone führen.

Fazit: Die Biostruktur-Analyse ermöglicht die Unterscheidung zwischen unveränderbaren, genetisch-veranlagten Grundstrukturen und veränderbaren, umweltbedingten Merkmalen der Persönlichkeit: Aus der individuellen Biostruktur werden dabei die spezifischen Grundstrukturen erkennbar. **Die damit verbundenen Grundmuster des Verhaltens sind Grundlage und Maßstab der Authentizität.**

Nur, wenn das erlernte Verhalten erkennbar stimmig ist zur genetisch-veranlagten Persönlichkeits-Struktur, ist der Mensch authentisch. Dazu trägt eine verbesserte «Passung» zwischen Menschen und ihrem sozialen Umfeld bei (vgl. Seite 84).

Ein wesentliches Ziel der Structogram-Seminare ist daher auch, die Bedeutung der Authentizität bewusst zu machen und authentisches Verhalten zu realisieren, um psychosozialen Stress mit allen negativen psychischen und physischen Folgen zu vermeiden.

Die Positionierung der Biostruktur-Analyse

Die nachfolgenden Begriffspaare verdeutlichen den Standort der Biostruktur-Analyse innerhalb der verschiedenen anthropologischen Sichtweisen.

Anlage (Nature)	⟷	Umwelt (Nurture)
Biologie	⟷	Psychologie
Genotyp	⟷	Phänotyp
«Betriebs-System»	⟷	«Software-Programme»
Temperament	⟷	Charakter
Struktur	⟷	Prozess
Disposition	⟷	Situation
Stabilität	⟷	Flexibilität
Sein	⟷	Schein
Biostruktur-Analyse	⟷	Transaktions-Analyse, NLP u. a.

Die Biostruktur-Analyse im Training

Was macht Menschen erfolgreich?

Eine Antwort auf diese Frage setzt voraus, zunächst einmal zu klären, was «Erfolg» überhaupt ist. Wer im Internet sucht, erhält über 120 000 Einträge bzw. Definitionen, unter «success» stehen weltweit sogar über 330 000. Berücksichtigt man noch alle «Erfolgs-Bücher», Seminare, Presse-Artikel und Berichte, kommen Tausende von weiteren Definitionen über den Erfolg hinzu. Im Grunde genommen müsste es zum gegenwärtigen Zeitpunkt über sechs Milliarden Definitionen auf diesem Globus geben. **Denn «Erfolg» ist eine völlig subjektive und individuelle Größe und nicht notwendigerweise an beispielsweise äußeren Merkmalen des «Zeitgeistes» oder rein materiellen Aspekten zu messen.**

Vor diesem Hintergrund ist die «Meta»-Definition des Erfolges von Hardy Wagner sehr aufschlussreich, da sie der Forderung nach Subjektivität und Individualität voll entspricht: **«Erfolg ist Grad und Art der Zielerreichung».** [74] Dabei steht vor allem die «Art» der Zielerreichung in direktem Zusammenhang mit der Individualität der menschlichen Persönlichkeit.

Problem ist, dass die meisten Theorien, wie man zum Erfolg kommt, von «Wunschvorstellungen» ausgehen: beispielsweise vom «idealen» Vorgesetzten oder Verkäufer, vom «richtigen» Führungs-Stil oder von der «optimalen» Verkaufs-Technik. Diese Idealvorstellungen, die häufig auch dem Training als Leitbild dienen, lassen jedoch zwei Tatsachen außer Acht: Es gibt keinen «Einheits-Typ» des Erfolgreichen und auch kein «Patent-Rezept» für den Erfolg. Vielmehr weisen erfolgreiche Menschen sehr unterschiedliche Persönlichkeits-Merkmale auf. Und sie verwenden sehr unterschiedliche Methoden und Techniken.

Bei der Vielzahl der Untersuchungen über Erfolgsursachen trat immer wieder ein Faktor in den Vordergrund, der **dauerhaft** erfolgreiche Menschen von weniger erfolgreichen unterscheidet: **ihre Authentizität, also die Stimmigkeit zwischen ihrer veranlagten Persönlichkeits-Struktur und ihrem erlernten Verhalten.** [75]

Der Persönlichkeits-Psychologe Lothar Laux führt aus: «Bei der authentischen Selbstdarstellung geht es um die ‹rechtschaffene› Vermittlung von Selbstqualitäten, in deren ‹Besitz› sich der Darsteller weiß». [76]

Dauerhaft erfolgreiche Menschen haben einen ganz persönlichen Stil und wenden Methoden und Techniken an, die genau zu ihnen «passen». Wesentliches Merkmal solcher Menschen ist also die authentisch-individuelle Art der Zielerreichung.

Die Biostruktur-Analyse führt zu einer bewussten Kenntnis der eigenen Persönlichkeits-Struktur (Biostruktur): Sie ist damit nicht nur eine grundlegende Voraussetzung zur Entwicklung von Authentizität und damit zur Vermeidung von psychosozialem Stress (siehe auch Seite 114 ff.), sondern auch eine zentrale Basis für den langfristigen beruflichen und privaten Erfolg.

Die konkreten Ziele der Biostruktur-Analyse-Seminare

- **STRUCTOGRAM®-Seminar**

Das Structogram gibt dem Seminar-Teilnehmer den Schlüssel zur Selbstkenntnis, das heißt, die genaue Kenntnis seiner persönlichen Biostruktur und damit seiner Chancen und Risiken, seiner Stärken, Schwächen und Begrenzungen, seiner wirkungsvollsten Ausdrucksformen und seiner individuellen Stilmittel. Anstelle allgemeiner «Handlungs-Rezepte» wird die Individualität des Teilnehmers in den Vordergrund gestellt, damit er sein persönliches Potenzial optimal ausschöpfen kann. Er lernt, wie er sich in Übereinstimmung mit seiner Natur weiterentwickeln kann (Authentizität). Die Einsicht in seine individuelle Biostruktur ermöglicht ihm die bewusste Wahl der idealen Leitbilder, die Erarbeitung realistischer Ziele, den Aufbau erfolgversprechender Strategien und die Anwendung z. B. der zu ihm «passenden» Verkaufs-Techniken oder Führungs-Methoden.

- **TRIOGRAM®-Seminar**

Das Triogram gibt dem Seminar-Teilnehmer den Schlüssel zur Menschenkenntnis. Er lernt, die Biostruktur **anderer** Menschen zu erkennen und wird sensibler für ihr Verhalten. Er kann Menschen in ihrer Individualität besser verstehen, richtiger behandeln und unnötige Konflikte vermeiden. Er wird ihr vermutliches Verhalten besser vorhersehen und erkennen, was er von ihnen erwarten kann und was er nicht erwarten sollte. Mit dem Triogram ist es ferner möglich, mehrere Biostrukturen zu «orten» und mit Hilfe der TrioMap zu visualisieren. Es dient auch dazu, Teams zu analysieren und optimal zusammenzusetzen.

Besondere Stärken der Biostruktur-Analyse im Training sind einfache Handhabung, geringer Zeitaufwand, einprägsame Visualisierung der Ergebnisse durch die Structogram-Scheibe sowie die TrioMap und vor allem der leichte und unmittelbare Praxistransfer.

Qualifizierte Sozial-Kompetenz

Eine profunde Fach-Kompetenz ist in Märkten mehr oder weniger austauschbarer Produkte und Dienstleistungen zu einer «Selbstverständlichkeit» geworden. Was aber zum Beispiel vielen Verkäufern fehlt, ist eine qualifizierte Sozial-Kompetenz: Darunter ist die Fähigkeit zu verstehen, ein vertrauensvolles Verhältnis zu anderen Menschen aufbauen zu können. Erst – vereinfacht gesagt – Fach-Kompetenz **und** Sozial-Kompetenz ergeben Kunden- bzw. Verkaufs-Kompetenz.

Sozial-Kompetenz ermöglicht den Verkäufern, die Kunden in ihren individuellen Bedürfnissen und Kaufmotiven sowie Kaufwiderständen besser zu verstehen und auf die Einfluss-Faktoren ihrer Kaufentscheidung besser einzugehen. Insgesamt entsteht durch die damit verbundene wirkungsvollere Beratung mehr Vertrauen, eine engere Kundenbindung, eine höhere Kundenzufriedenheit und auf diese Weise auch ein dauerhafter Verkaufserfolg.

Im Unternehmen wächst durch eine qualifizierte Sozial-Kompetenz der Führungskräfte die Identifikation der Mitarbeiter mit den Aufgaben. Leistungspotenziale werden besser «abgerufen», Reibungsverluste abgebaut. «Wir-Gefühl» und gegenseitiges Vertrauen verbessern sich entscheidend und fördern zugleich nachhaltig die Qualität der Unternehmens-Kultur. Damit werden wesentliche Voraussetzungen für eine erfolgreiche Führungsarbeit geschaffen: Erst Fach-Kompetenz **und** Sozial-Kompetenz ergeben Mitarbeiter- bzw. Führungs-Kompetenz.

«Automatisches» Ergebnis der Biostruktur-Analyse-Seminare ist auch die Optimierung der Sozial-Kompetenz: Denn ihre zentralen Bausteine sind Selbstkenntnis und Menschenkenntnis.

Folge-Training in Führung, Verkauf und Kommunikation

Persönlichkeit und Verhalten sind Resultate aus dem Zusammenwirken zweier Grund-Aspekte: der genetisch-veranlagten Persönlichkeits-Struktur (Biostruktur) und den Einflüssen der Umwelt (Kultur, Sozialisation, situative Gegebenheiten usw.). Im Training ist es deshalb auch erforderlich, dispositive **und** situative Aspekte des Verhaltens zu beachten.

Structogram-Trainer nutzen daher die Biostruktur-Analyse auch als «dispositive» Basis von Folge-Trainings; das heißt, sie führen **vor** spezifischen Trainings-Maßnahmen zunächst ein Structogram- und Triogram-Training durch. Damit können sie Folge-Trainings, wie beispielsweise Führungs-, Verkaufs- oder Kommunikations-Trainings, unter Berücksichtigung der Biostruktur ihrer Teilnehmer besser individualisieren. **Sie können vor allem auch berücksichtigen, welche Persönlichkeits-Merkmale und Verhaltensweisen der Teilnehmer problemlos und bleibend veränderbar sind und welche nicht.**

Die Biostruktur-Analyse ist auch ein **«Schlüssel zum Kunden»:** Menschen sind in ihrer Biostruktur verschieden; Verkäufer lernen im Training, auf der Basis von Structogram und Triogram das gleiche Produkt bzw. die gleiche Dienstleistung an unterschiedliche Kunden auch **bewusst** «unterschiedlich» zu verkaufen: in ihrem Verhalten (Beziehungs-Ebene) und in ihrer Argumentation (Sach-Ebene). Dabei gehen die Verkäufer auf die Kunden ein, soweit es zu ihrer eigenen Authentizität «passt».

Probleme, die z. B. in der unterschiedlichen Biostruktur von Verkäufern und ihren Kunden begründet sind, werden besser gemeistert. Structogram und Triogram zeigen sich hierbei wiederum als «Ordnungs-Prinzipien», um die Biostruktur sowohl von Verkäufern als auch von Kunden bewusst und nachvollziehbar zu machen.

«Train the Trainer»

Der Trainer selbst weiß durch das Structogram besser über seine eigenen Möglichkeiten und Grenzen sowie seine Eigenarten des Lehrens Bescheid. Durch das Structogram wird ihm bewusst, dass er ganz natürlich dazu neigt, bevorzugt **die** Lehrmethode einzusetzen, mit der er selbst am besten lernt.

Da das Structogram-Training die «Individualität der Persönlichkeit» in den Vordergrund stellt, wäre es nicht sinnvoll, die Arbeit des Trainers unnötig einzuengen oder durch zu viele Medien zu ersetzen. Er muss vielmehr den notwendigen «Spielraum» haben, sein wirksamstes Medium einzusetzen: seine eigene unverwechselbare, individuelle Persönlichkeit.

In diesem Zusammenhang ist eine Problematik zu sehen, die im Verkaufs-Training besonders deutlich wird: Viele Verkaufs-Trainer waren selbst einmal im Verkauf tätig. Daraus resultiert häufig die Neigung, **die** Verkaufs-Technik, mit der sie selbst früher erfolgreich verkauft haben, auch ihren Seminar-Teilnehmern zu vermitteln. Jeder Teilnehmer, der – von der Tendenz her – der Biostruktur des Trainers entspricht, wird von dessen Training auch profitieren können. Teilnehmer mit anderen Biostrukturen werden spätestens beim Versuch der praktischen Umsetzung einer «antrainierten» und «nicht-kompatiblen» Verkaufs-Technik große Probleme haben. Sie werden erfahrungsgemäß nach einigen Tagen wieder in die Grundmuster ihrer Biostruktur zurückfallen. Bei einem «Anwendungszwang» in Verbindung mit zu erwartender bzw. eintretender Erfolglosigkeit wird sich ein verstärkter psychosozialer Stress aufbauen.

Die Biostruktur-Analyse hilft dem Trainer nicht nur, seine individuelle Eigenart zu erkennen und bewusst einzusetzen; zugleich erhöht sich auch die Sensibilität des Trainers für die unterschiedlichen Erwartungen und Möglichkeiten der Teilnehmer aufgrund ihrer unterschiedlichen Biostrukturen.

Bewusste Erfolgs-Strategie und unbewusste Kompetenz

«Wer auf Dauer erfolgreich sein will, muss wissen, warum er erfolgreich ist», führt Rupert Lay aus. Das Structogram-Seminar macht zunächst die individuelle Biostruktur und damit auch die Ursachen des persönlichen Erfolges bewusst (bewusste Kompetenz).

Das Triogram-Seminar führt über den Trainings- bzw. Lernprozess von der bewussten (kognitiven) Anwendung zur Qualifizierung unbewusster Verhaltens-Aktionen und -Reaktionen gegenüber anderen Menschen. Für die erfolgreiche praktische Anwendung der Biostruktur-Analyse im Bereich der Menschenkenntnis (und damit auch in Verkauf und Führung) ist von besonderer Bedeutung, dass wahrgenommene Eindrücke vor allem auch in Form von konkreten visuellen Vorstellungen im Gehirn «abgebildet» und gespeichert werden. [77] Diese visuellen Vorstellungen werden als «innere Bilder» bezeichnet. Innere Bilder steuern unbewusst unser Verhalten. Wichtiges Ziel des Triogram-Trainings ist auch, das Triogram als inneres Bild im Langzeit-Gedächtnis (Langzeit-Speicher) zu verankern.

Kombination der Biostruktur-Analyse mit anderen Trainings-Methoden

Insgesamt wird durch die Biostruktur-Analyse das gesamte Training realistischer, wirkungsvoller und sinnvoller, da eben nicht nur umwelt-bedingte, sondern auch genetisch-veranlagte Elemente der Persönlichkeit beachtet werden.

Structogram und Triogram lassen sich dabei sehr gut kombinieren mit Trainings-Methoden, die von den situativen bzw. umweltbedingten und damit veränderbaren Aspekten der Persönlichkeit ausgehen, so beispielsweise mit der Transaktions-Analyse.

Die Biostruktur-Analyse im Marketing

Ort des Marktgeschehens: Das Gehirn

«Der Markt ist der ökonomische Ort, an dem sich Angebot und Nachfrage treffen» – ein bekannter betriebswirtschaftlicher Lehrsatz. Wo aber finden wir diesen Ort konkret? **Im menschlichen Gehirn, er ist geradezu das menschliche Gehirn!**

Im Gehirn des Menschen – und nur dort – wird in einer **unbewussten Vorselektion** darüber entschieden, welche der vielfältigen Signale, die von Unternehmen, Produkten, Dienstleistungen oder Marken ausgehen, überhaupt wahrgenommen werden. Im Gehirn des Menschen – und erst dort – entsteht das «Bild» von Unternehmen oder Produkten. Im Gehirn des Menschen formen sich also die Einstellungen von Akzeptanz oder Ablehnung, bilden sich Kaufbereitschaft oder Kaufwiderstand.

Die Biostruktur-Analyse als Schlüssel zum Markt

Im Gehirn des Menschen wird also letztlich jenes Verhalten gesteuert, das sich als «Marktgeschehen» äußerlich darbietet. Diese Prozesse folgen jedoch nicht den Wunschvorstellungen der Anbieter, sondern ausschließlich den Eigenarten der Gehirne der Empfänger. Die Signale, die ein Unternehmen aussendet, kann man ändern. Die Gesetze aber, nach denen diese Signale ausgewählt, verarbeitet und gespeichert werden, liegen in der Funktion unseres Gehirns begründet.

Die «Persönlichkeit» von Unternehmen und Produkten

Die Gesetze zur Auswahl, Verarbeitung und Speicherung von Unternehmens- oder Produkt-Signalen werden deutlich, wenn man das Gehirn als das Zusammenwirken der Bereiche «Stamm-, Zwischen- und Großhirn» versteht. Diese Signale sprechen die drei Hirnbereiche nicht gleichmäßig an. Manche Signale appellieren besonders stark an einen Bereich, andere sprechen einen anderen stärker an:

- Das **Stammhirn** wird zum Beispiel von allem angesprochen, was menschliche Wärme, Gemütlichkeit, Ruhe, Stetigkeit und Tradition signalisiert.

- Das **Zwischenhirn** wird zum Beispiel von allem angesprochen, was Dynamik, Überlegenheit, Autorität, Rivalität, Status und Fortschrittlichkeit signalisiert.

- Das **Großhirn** wird zum Beispiel von allem angesprochen, was rationale Fachkompetenz, kühle Sachlichkeit, Individualität, Systematik, Ordnung und Zukunftsperspektiven signalisiert. [78]

Die unterschiedlichen Signale und damit die spezifische Struktur der unterschiedlichen Ansprache der drei Hirnbereiche ergeben das «Bild», die individuelle «Persönlichkeit» von Unternehmen, Produkten oder Marken. Mit der Methodik der Biostruktur-Analyse ist es möglich, die Unternehmens-, Produkt- oder Marken-«Persönlichkeit» anstelle vager Beschreibungen durch die Bestimmung der relativen Anteile der angesprochenen Hirnbereiche eindeutig und objektiv festzulegen. Hierzu sind jedoch die Items der Biostruktur-Analyse zur Ermittlung der **menschlichen** Persönlichkeits-Struktur (Biostruktur) nicht geeignet. Für diese Zwecke stehen andere «Indikatoren» zur Verfügung, deren Zusammenhang mit den drei Hirnbereichen gesichert ist. Der Einsatz dieser je nach Aufgabe spezifischen Indikatoren kann nicht im Training, sondern nur in der Beratung erfolgen.

Die Biostruktur von Zielgruppen

Da nun jeder Empfänger der Signale eines Unternehmens oder Produktes seine individuelle Biostruktur hat, werden von ihm bestimmte Signale bevorzugt angenommen und auf größere Resonanz treffen. Die überwiegende Biostruktur einer Zielgruppe gibt daher Aufschluss darüber, welche Signale bei ihr «ankommen» und welche eher negativ wirken. [79]

Über «Bio-Panels», also Repräsentanten einer Zielgruppe mit von der Tendenz her gleichen Biostrukturen, lassen sich leicht Einzelheiten über Vorlieben und Abneigungen dieser Gruppe in allen Lebensbereichen ermitteln. Durch die Konzentration des Bio-Panels auf «einheitliche» Biostrukturen lassen sich selbst bei kleinen Panels mit oft nur etwa 20 Teilnehmern aussagefähigere Ergebnisse erzielen als mit umfangreicheren bzw. aufwendigeren Untersuchungen.

Corporate Identity und Image

«Corporate Identity» ist die Summe aller Verhaltens- und Darstellungsweisen innerhalb und außerhalb eines Unternehmens: eine ganzheitliche Strategie mit den Schwerpunkten «Unternehmens-Kultur, -Kommunikation und -Design bzw. -Gestalt». [80] **Voraussetzung einer profilierten Corporate Identity ist, dass die Einzel-Signale, die ein Unternehmen aussendet, «stimmig» sind, das heißt, die drei Hirnbereiche im gleichen Sinn ansprechen und zur inneren Struktur des Unternehmens «passen».**

«Image» entsteht beim Betrachter (Mitarbeiter, Markt bzw. Öffentlichkeit) als Folge-Wirkung aller Signale eines Unternehmens. Deshalb hat auch jedes Unternehmen ein Image; ob bewusst gestaltet oder zufällig entstanden, hängt vom gezielten Einsatz einer Corporate-Identity-Strategie ab. Denn Corporate Identity ist sozusagen der «Baukasten», um ein «gewolltes» Image zu entwickeln.

Der Markt zeigt nachdrücklich, dass erfolgreiche Unternehmen über eine profilierte Corporate Identity verfügen. Sie haben damit ein bewusst gestaltetes Image, in dem sich die unverwechselbare Individualität, die «Persönlichkeit» des Unternehmens äußert: Die Integration aller Signale nach einem einheitlichen, auf langfristige Stabilität angelegten Konzept verstärkt die Wirkung jeder einzelnen Unternehmens-Äußerung. **Ziel ist die Speicherung (Verankerung) der Unternehmens-Persönlichkeit/des Unternehmens-Bildes im «Langzeit-Gedächtnis bzw. -Speicher der Zielgruppe».** [80]

Signale bzw. Informationen, die im Langzeit-Gedächtnis des menschlichen Gehirns gespeichert sind, gehen nicht mehr verloren; sie haben sich über biochemische Prozesse «materialisiert». Der kanadische Hirnforscher Donald Hebb spricht von stabilen Aktivitäts-Mustern («Assemblies»), die durch **gleichartige und häufige Ansprache** ihre synaptischen Verbindungen untereinander verstärken («Langzeit-Potenzierung»). [in 3]

Wirksame Corporate Identity führt durch «unterscheidbare, verlässliche, stimmige, bildhafte und kontinuierliche Signale» dazu, dass die «Persönlichkeit» des Unternehmens immer stärker im Langzeit-Gedächtnis der Zielgruppe verankert und leicht erinnert wird; Interferenzen (Überlagerungen) unterschiedlicher Signale und damit verbundene Verwirrungen und Unsicherheiten werden vermieden. **Das bedeutet auch, dass das Unternehmen (oder Produkt) im Kaufentscheidungsfall bei der Zielgruppe gedanklich deutlich präsent ist, zumindest zu den gedanklichen Alternativen gehört.** [77], [80]

Ortung des Images der Unternehmens-«Persönlichkeit»

Das Image der «Persönlichkeit» eines Unternehmens (oder eines Produktes/einer Marke) und das seiner Wettbewerber lässt sich im Triogram genau orten. So kann das Unternehmens-Image auch visuell dargestellt werden, und auf einen Blick wird erkennbar, ob es unterscheidbar oder austauschbar ist. **Um in einem Markt austauschbarer Produkte und Dienstleistungen erfolgreich zu sein, erhält die «Einzigartigkeit» und damit Unterscheidbarkeit des Unternehmens-Images eine zentrale Bedeutung.**

Im Falle eines austauschbaren Images kann ein «Soll-Image» im Triogram festgelegt werden, das durch zu definierende spezifische Unternehmens-Faktoren (oder Produkt-Daten) begründet sein muss. Damit kann die Unterscheidung des Unternehmens-Images gegenüber den Wettbewerbern überzeugend visualisiert und nachdrücklich bewusst gemacht werden.

Bei der Festlegung des «Soll-Images» ist auch darauf zu achten, dass die Ansprache-Struktur der ausgesandten Signale zumindest von der Tendenz her der überwiegenden Biostruktur der Zielgruppe entspricht. Durch die Unterscheidbarkeit entstehen darüber hinaus «Sogwirkungen» auf – im Sinne der Biostruktur – «komplementäre» Zielgruppen.

Die Ausrichtung von beispielsweise Marketing- und Werbemaßnahmen am definierten «Soll-Image» des Unternehmens ermöglicht es auch, die Stimmigkeit der Signale zu «objektivieren», anstatt dies allein dem persönlich-subjektiven Geschmack der dafür Verantwortlichen zu überlassen. [81], [82]

«Soll-Image»

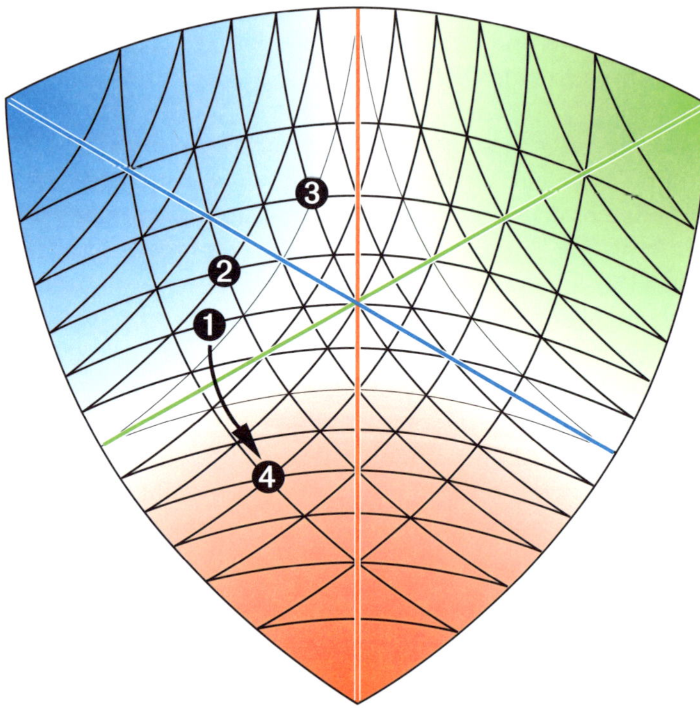

❶ = «Ist-Image» Unternehmen «A»
❷ = Image Unternehmen «B»
❸ = Image Unternehmen «C»
❹ = «Soll-Image» Unternehmen «A»

Das ideale Image

Man könnte meinen, das ideale «Bild», das ideale Image eines Unternehmens oder Produktes müsse alle drei Hirnbereiche gleichmäßig ansprechen und damit den «ganzen Menschen» und alle Biostrukturen erfassen. Das erweist sich jedoch als Irrtum. Die ausgeglichene Ansprache aller Bereiche führt zur gegenseitigen Neutralisierung der Signale und damit zur Unauffälligkeit, zum profillosen Mittelmaß.

Der Versuch, Signale «für alle» zu bieten, führt dazu, dass man niemanden wirklich anspricht; das gilt gleichermaßen für Unternehmen, Produkte, Dienstleistungen oder Marken. [83]

Konsequenzen

Untersuchungen im Bereich der Hirnforschung sowie der Konsum- und Verhaltens-Forschung haben überzeugend nachgewiesen: Kaufentscheidungen sind vielfach nichts anderes als das Ergebnis unbewusster Mechanismen, die durch die Verankerung der «Persönlichkeit/des Bildes» eines Unternehmens oder Produktes im «Langzeit-Gedächtnis der Zielgruppe» aufgebaut wurden. Vereinfacht gesagt, werden bei GRÜN- und ROT-Dominanz – anders als bei BLAU-Dominanz – (unbewusste) Kaufentscheidungen häufig als bewusstes, willentliches Handeln empfunden, weil sie im Nachhinein eine rationale Begründung erhalten. Besonders beim Kauf von «Marken» sind die kognitiven Bereiche des Großhirns (BLAU-Komponente) weniger aktiv («kortikale Entlastung»). [19], [20]

Durch die Erkenntnisse aus der Biostruktur-Analyse können die biologischen Rahmenbedingungen, die das Gehirn auch für das «Marktgeschehen» setzt, erkannt und konsequent berücksichtigt werden. **Die Berücksichtigung dieser Erkenntnisse zeigt sich als wichtige Voraussetzung für eine wirksame Corporate Identity und Image-Profilierung sowie für erfolgreiche Marketing- und Werbe-Strategien.**

Die Biostruktur-Analyse in der Praxis

Evaluierung

Die vielfältigen Erfolge in der praktischen Anwendung bestätigen nachdrücklich die Wirksamkeit der Biostruktur-Analyse.

So haben beispielsweise in den Jahren 1991-1996 bei einem internationalen Automobil-Konzern 1 231 Händler mit ihren Mitarbeitern im «After-Sales-Bereich» (insgesamt 5 255 Personen) ein Biostruktur-Analyse-Trainingsprogramm durchlaufen.

Durch ein neutrales Marktforschungs-Institut wird jährlich der «Customer Satisfaction Index» (Kunden-Zufriedenheitsgrad) des Unternehmens festgestellt. Der Customer Satisfaction Index (CSI) wird auf einer Skala von «0» = «sehr unzufrieden» bis «100» = «sehr zufrieden» festgelegt. Der CSI für den After-Sales-Bereich lag 1990 im Durchschnitt aller Händler in Deutschland bei 62 Punkten. Im Jahr 1996 – **nach** Durchführung des Trainingsprogramms – wurde der CSI bei 237765 Kunden ermittelt. Ergebnis: **Der CSI war bei den trainierten Betrieben durchschnittlich um 33 Punkte auf 95 gestiegen. Darüber hinaus waren signifikante Umsatzsteigerungen festzustellen.**

In einer Vergleichsgruppe von 237 Händlern mit Mitarbeitern (insgesamt 736 Personen), die **nicht** an diesem Trainingsprogramm teilgenommen hatten, lag – bei sonst gleichen Rahmenbedingungen – der CSI im Durchschnitt um 20 Punkte niedriger.

Nachdem diese Händler mit ihren Mitarbeitern ebenfalls das Biostruktur-Analyse-Trainingsprogramm absolviert hatten, stiegen CSI und Umsatz auf das Niveau der anderen Händler an. Wie die letzten Befragungen zeigen, hat sich der CSI bei allen Händlern auf diesem hohen Level stabilisiert.

Anwendungsgebiete und Ausblick

Die Biostruktur-Analyse kann überall dort eingesetzt werden, wo «Persönlichkeiten» miteinander kommunizieren: in Führung und Verkauf, bei der Unternehmens-, Produkt- oder Marken- «Persönlichkeit» sowie bei privaten Partnerschaften, der beruflichen Karriere, der Erziehung oder im Sport.

Mit den fortschreitenden Erkenntnissen in den anthropologischen Wissenschaften, insbesondere den Neuro-Wissenschaften, der Molekular-Biologie und der Verhaltens-Genetik, eröffnen sich auch neue Perspektiven für den Einsatz der Biostruktur-Analyse zur Erklärung psychischer und psychosomatischer Prozesse beim Menschen. Daraus wiederum sind nicht nur vielfältige Impulse zum Beispiel für Medizin und Psychologie zu erwarten, sondern auch für die Organisation und Gestaltung psychosozialer Strukturen und sozioökonomischer Prozesse mit dem Ziel einer besseren «Passung» zwischen Individuen und ihrer sozialen Umwelt. Dabei berühren die Erkenntnisse aus der Biostruktur-Analyse eine Vielzahl sozialpsychologischer Aspekte bis hin zum politischen Wahlverhalten.

Der Stellenwert der genetischen Disposition des Menschen wird durch die aktuellen Ergebnisse der Verhaltensforschung immer deutlicher. So führt z.B. der Verhaltens-Genetiker Robert Plomin aus: «Viele Umweltmaße, die in der Psychologie einen breiten Einsatz erfahren, zeigen genetische Einflüsse. Diese Forschungsergebnisse deuten darauf hin, dass Menschen aktiv an der Schaffung ihrer Erfahrungen mitwirken und dies teilweise aus genetischen Gründen. Man hat dieses Phänomen als die Genetik der Umwelt (*nature of nurture*) bezeichnet...» [84]

Die Bedeutung der Biostruktur-Analyse liegt nicht zuletzt darin begründet, dass sie über die individuelle Differenzierung der menschlichen Persönlichkeit und des Verhaltens hinaus eine Grundlage zur Persönlichkeits-Entwicklung darstellt und damit auch den Weg zur «Evolution der Persönlichkeit» ebnet.

Literatur

Zitierte Literatur

(* = Deutschsprachige Ausgabe)

[1] STEFFENS, Reinhard: Die Biostruktur – Management des psychosomatischen Netzwerks, München/Frankfurt 2000

[2] NAGEL, Ernest; NEWMAN, James R.: Der Gödelsche Beweis, München 2001, 6. Auflage

[3] PALM, Günther: Assoziatives Gedächtnis und Gehirntheorie, in: Spektrum der Wissenschaft, Juni 1988, S. 54 ff.

[4] SCHMITT, Peter: Selbst- und Menschenkenntnis als Schlüssel zu mehr Trainings-Effizienz, in: management & seminar, 7-8/1999, S. 29 f.

[5] Handelsblatt vom 19. März 2004

[6] MORIN, Edgar: Das Rätsel des Humanen, München 1974, S. 19

[7] MACLEAN, Paul D.: The Triune Brain in Evolution. Role in Paleocerebral Functions, New York 1990, S. 13 f.

[8] – : A Triune Concept of the Brain and Behavior, Toronto 1973, S. 7
Die weiteren wörtlichen Zitate in Zusammenhang mit MacLean entstammen ebenfalls diesen beiden Büchern sowie
–: The Brain's Generation Gap, in: ZYGON, Vol. 8, 1973

[9] JOHNSON, Debra L. et al.: Cerebral Blood Flow and Personality. A Positron Emission Tomography Study, in: American Journal of Psychiatry, 156:2, February 1999, S. 252 ff.

[10] Die Finanz-Typologie der Union Investment, Frankfurt am Main 2002

[11] STEFFENS, Reinhard: Die HELIX-Hypothese. Epigenetik als integrative Kraft in den anthropologischen Disziplinen, München 2002, S. 5

[12 Mind and Brain, 1994, S. 114

[13] Nature, 382, S. 626

[14] HAINS, T.: Left Brain/Right Brain – Mythologie and Implication for Management and Training, in: Academy of Management Review, 1987, Heft 4, S. 602 f.

[15] EFFRON, Robert: The Decline and Fall of Hemispheric Specialisation, Hillsdale 1990

[16] Left Brain, Right Brain, in: New Scientist, 7/1999

[17] SCHULTE, Sabastian: Keine Frage von «rechts» oder «links». Wie die beiden Gehirnhälften zusammenarbeiten, in: Psychologie heute, 7/2000, S. 14 f.

[18] DEGEN, Rolf: Lexikon der Psycho-Irrtümer. Seitenverkehrt. Die beiden Hemisphären des Gehirns beherbergen völlig unterschiedliche Leistungen, Frankfurt am Main 2000, S. 319 ff.

[19] ROTH, F.: Bei Marken setzt der Verstand aus, in: Horizont, 22/2003, S. 20

[20] KENNING, Peter; DEPPE, Michael et al.: Die Entdeckung der kortikalen Entlastung, in: Neuroökonomische Forschungsberichte, Teilgebiet Neuromarketing, Nr. 1, Dez. 2002

[21] HECK, Detlef; SULTAN, Fahad: Das unterschätzte Kleinhirn, in: Spektrum der Wissenschaft, Oktober 2001, S. 36 ff.

[22] HIGHSTEIN, S. M.; THATCH, W.T. (Hrsg.): The Cerebellum: Recent Developments in Cerebellum Research, New York Academy of Sciences 2002

[23] BOWER, James M.; PARSONS, Lawrence M.: Rätsel Kleinhirn, in: Spektrum der Wissenschaft, November 2003, S. 60 ff.

[24] GERSHON, Michael: Der kluge Bauch. Die Entdeckung des zweiten Gehirns, München 2001

[25] Das «zweite Gehirn» – Wie der Bauch den Kopf bestimmt, in: GEO, 11/2000, S. 136 ff.

[26] KÖNIG, Karl: Kleine psychoanalytische Charakterkunde, Göttingen 1999, 5. Auflage, S. 12 f.

[27] WAGNER, Hardy: STRUKTOGRAMM®-Analyse, Speyer 1991, 5. Auflage, S. 17

[28] VROON, Piet: Drei Hirne im Kopf, Zürich 1993

[29] KAGAN, Jerome et al.: Galen's Prophecy: Temperament in Human Nature, Basic Books, New York 1994

[30] BORKENAU, Peter: Anlage und Umwelt, Göttingen 1993

[31] ROSE, R.: Genes and Human Behavior, in: Annual Review of Psychology, 46, S. 625 ff.

[32] ANGLEITNER, Alois et al.: Genetic and Environmental Influences on Personality: A Study of Twins Reared Together Using the Self- and Peer-Report NEO-FFI Scales, Bielefeld 1997

[33] BOUCHARD, Thomas J. Jr. et al.: Sources of Human Psychological Differences. The Minnesota Study of Twins Reared Apart, in: Science, Vol. 250, October 1990

[34] BOUCHARD, Thomas J. Jr.; PROPPING, P. (Eds.): Twins as a Tool of Behavioral Genetics, in: Life Sciences Research Report LS 53, Chichester/New York/Brisbane/Toronto/Singapore 1993

[35] ROWE, David C.: Genetik and Sozialisation. Die Grenzen der Erziehung, Weinheim 1997

[36] WRIGHT, Lawrence: Zwillinge. Gene, Umwelt und das Geheimnis der Identität, Wien/München 1998

[37] COLAPINTO, John: Der Junge, der als Mädchen aufwuchs, Düsseldorf/Zürich 2000

[38] CAREY, William B.; MCDEVITT, Sean C. (Eds.): Prevention and Early Intervention. Individual Differences as Risk Factors for the Mental Health of Children. A Festschrift for Stella Chess and Alexander Thomas, Brunner/Mazel, New York 1994 (Aufsätze von 38 wichtigen Autoren der Temperaments-Forschung zum 80. Geburtstag von Chess und Thomas)

[39] CHESS, Stella; THOMAS, Alexander: Temperament. Theory and Practice, New York 1996

[40] ZENTNER, Marcel R.: Die Wiederentdeckung des Temperaments: Die Entwicklung des Kindes im Licht moderner Temperamentsforschung und ihre Anwendungen, Paderborn 1993

[41] SCHIEPEK, Günter: Die Grundlagen der Systemischen Therapie, Göttingen 1999

[42] BARONDES, Samuel H.: Moleküle und Psychosen – Der biologische Ansatz in der Psychiatrie, Heidelberg/Berlin/Oxford 1995, S. 58

[43] STEFFENS, Reinhard: Life Control, in: TOPICS 2003, München 2003

[44] STRACHAN, Tom; READ, Andrew P.: Molekulare Humangenetik, Heidelberg/Berlin/Oxford 1996

[45] Alles nur eine Frage der Gene?, in: Gehirn & Geist, 3/2004, S. 39 f.

[46] KRAMER, Peter D.: Glück auf Rezept. Der unheimliche Erfolg der Glückspille Fluctin, München 1995, S. 168 f.

[47] HAMER, Dean; COPELAND, Peter: Das unausweichliche Erbe. Wie unser Verhalten von den Genen bestimmt ist, Bern/München/Wien 1998, S. 17

[48] Referat im Rahmen der Millennium-Tage-Kassel 2001: Ist Persönlichkeit machbar? Wie werden wir, was wir sind?

[49] MEYWALD, Ellen: Werden aus «schwierigen» Kindern «schwierige» Erwachsene? Frühe Temperamentsunterschiede bleiben bestehen, in: Psychologie heute, 9/2000, S. 12 f.

[50] MARKL, Hubert: Der immer weitere Horizont, in: Focus, 11/2001, S. 180 ff.

[51] BISCHOF, Marco: Biophotonen. Das Licht in unseren Zellen, Frankfurt 1999, 10. Auflage

[52] BLACKMORE, Susan: Die Macht der Meme. Die Evolution von Kultur und Geist, Heidelberg/Berlin 2000

[53] ARCHER, Simon N. et al.: A Length Polymorphism in the Circadian Clock Gene *Per3* is Linked to Delayed Sleep Phase Syndrome and Extreme Diurnal Preference, in: Sleep, Vol. 26, No. 4, 2003, S. 413-415

[54] WEINER, Jonathan: Time, Love, Memory. A great Biologist and his Quest for the Origins of Behavior, New York 1999
 * – : Zeit, Liebe, Erinnerung. Auf der Suche nach den Ursprüngen des Verhaltens, Berlin 2000

[55] BREDOW von, Rafaela: Biologie. Herr der Fliegen, in: DER SPIEGEL 35/1999, S. 210 f.

[56] STEFFENS, Reinhard: Spuren ins Licht. Auf dem Weg zu einem neuen Menschenbild, korr. Nachdruck, München 2002

[57] BIRBAUMER, Niels; SCHMIDT, Robert F.: Biologische Psychologie, Berlin/Heidelberg 2003, 5. Auflage

[58] FORTH, Wolfgang u.a. (Hrsg.): Allgemeine und spezielle Pharmakologie und Toxikologie, Heidelberg/Berlin/Oxford 1998, 7. Auflage

[59] NØRRETRANDERS, Tor: Spüre die Welt. Die Wissenschaft des Bewußtseins, Reinbek 1994

[60] PERT, Candace B.: Moleküle der Gefühle. Körper, Geist und Emotionen, Reinbek 1999

[61] SHELDON, William H.: The Varieties of Human Physique, New York 1940

[62] –: The Varieties of Temperament, New York 1942

[63] CLONINGER, C. Robert: Auf der Suche nach den biochemischen Grundlagen der Persönlichkeit, in: Psychologie heute, Februar 1996, S. 47 ff.

[64] ODA, Hiroshi; ERNST, Heiko: Spontanheilungen: Kämpfen, Glauben, sich selbst finden. Ein Gespräch über mögliche Heilfaktoren bei krebskranken Patienten, in: Psychologie heute, September 2000, S. 26 ff.
– : Spontanremissionen bei Krebserkrankungen aus der Sicht des Erlebenden, Weinheim 2001

[65] SCHWERMER, J.: Partnerzentrierte Gesprächsführung, Salzkotten 1991

[66] MARTIN, Manfred; PÖRNER, Gabi: Das neue Management. Schlüsselfaktoren für den Spitzenerfolg, München 1994, S. 114

[67] LOBSCHEID, Hans Gert: Mit Streß kann jeder fertig werden, in: HARVARDmanager, 1. Quartal 1989, S. 122 ff.

[68] GROSSARTH-MATICEK, Ronald: Systemische Epidemiologie und präventive Verhaltensmedizin chronischer Erkrankungen. Strategien zur Aufrechterhaltung der Gesundheit, Berlin 2000

[69] ERNST, Heiko: Das Stressparadox, in: Psychologie heute, Juli 2000, S. 20

[70] UEXKÜLL, Thure von u.a. (Hrsg.): Psychosomatische Medizin, München/Wien/Baltimore 1996, Studienausgabe, 5. Auflage

[71] Psychosomatik. Wie gefährlich ist Stress wirklich? Neue Studien über Persönlichkeit, Gefühle und das Immunsystem, in: Psychologie heute, Mai 2001, S. 52 f.

[72] Psychosomoatic Medicine, Vol. 65/5

[73] NEFIODOW, Leo A.: Der sechste Kondratieff, in: Absatzwirtschaft Nr. 4/1999, S. 32 ff.

[74] WAGNER, Hardy: STRUKTOGRAMM®-Analyse, Speyer 1991, 5. Auflage, S. 5 f.

[75] SCHIRM, Rolf W.; SCHOEMEN, Juergen; WAGNER, Hardy: Führungserfolg durch Selbsterkenntnis – Das STRUKTOGRAMM® als Instrument der Persönlichkeitsanalyse, Speyer 1987, 5. Auflage

[76] LAUX, Lothar; WEBER, Hannelore: Emotionsbewältigung und Selbstdarstellung, Stuttgart 1993

[77] KROEBER-RIEL, Werner: Konsumentenverhalten, München 1992, 5. Auflage

[78] SCHIRM, Rolf W.: Signale für eine verlässliche Welt, in: DISCH, Wolfgang K.A. (Hrsg.): Wundersame Welt der Markenartikel, Hamburg 1982

[79] Biologisches Zielgruppen-Modell, in: Brigitte Frauen-Typologie 5, Hamburg 1981

[80] SCHOEMEN, Juergen: Der Markt findet im Kopf statt, in: ANTONOFF, Roman (Hrsg.): CI Report 93 – Das Jahrbuch vorbildlicher Corporate Identity, Darmstadt 1993, S. 276 f.

[81] DONAUBAUER, Jochen; SCHOEMEN, Juergen: Corporate Identity in Theorie und Praxis am Beispiel der Stadtsparkasse Marktredwitz, Speyer 1991

[82] VOGL, Rudolf.: Wie Sie Ihre Marke immunisieren können, in: BRANDMEYER, Klaus; DEICHSEL, Alexander; PRILL Christian (Hrsg.): Jahrbuch Markentechnik 2002/2003, Frankfurt am Main 2001, S. 199 ff.

[83] SCHIRM, Rolf W.: Anthropologische Aspekte der Corporate Identity auf Basis der Hirnforschung, in: BIRKIGT, K.; STADLER, M. M.; FUNCK, H. J. (Hrsg.): Corporate Identity, Landsberg/Lech 1993, 6. Auflage, S. 250 ff.

[84] PLOMIN, Robert et al.: Gene, Umwelt und Verhalten. Einführung in die Verhaltensgenetik, Bern/Göttingen/Toronto/Seattle 1999, S. 214

Ausgewählte Original-Literatur von Paul D. MacLean

MACLEAN, Paul D.: Man and his Animal Brains, in: Modern Medicine, 32, 1964

– : The Brain in Relation to Empathy and Medical Education, in: J. of Nerv. a Mental Disease, 144, 1967

– : A Triune Concept of the Brain and Behavior, Toronto 1973

– : The Brain's Generation Gap, in: ZYGON, Vol. 8, 1973

– : On the Evolution of Three Mentalities, in: ARIETI, Silvano; CHRYANOWSKI, Gerald (Eds.): New Dimensions in Psychiatry, New York 1977

– : The Triune Brain and Scientific Bias, in: SCHMITT, F.O. (Ed.): The Neurosciences Second Study Program, New York 1977

– : A Mind of Three Minds, in: Education and the Brain, Chicago 1978

– : A Meeting of Minds, in: Dromenon, Herbst/ Winter 1980

– : Brain Evolution Relating to Family, Play and the Separation Call, in: Archives of General Psychiatry, Vol. 42. Adapted from the Adolf Meyer Lecture, 135th Annual Meeting of the American Psychiatric Association, Toronto 1982

– : Evolution of the Psychencephalon, ZYGON, Vol. 17, No. 2, 1982

– : On the Origin and Progressive Evolution of the Triune Brain, in: ARMSTRONG, Esre; FALK, Dean (Eds.): Primate Brain Evolution, New York 1982

– : Brain Roots of the Will-to-Power, ZYGON, Vol. 18, No. 4, 1983

– : A Triangular Brief on the Evolution of Brain and Law, in: Law, Biology & Culture, Santa Barbara 1983

– : Commentary by Paul D. MacLean, M.D., in: Integrative Psychiatry, Vol. 2, 1984

– : Neurobehavioral Significance of the Mammallike Reptiles (Therapsids), in: HOTTON, Nicholas (Ed.): The Ecology and Biology of Mammallike Reptiles, Washington D. C., Smithsonion 1986

– : The Triune Brain, in: ADELMANN, G. (Ed.): Encyclopedia of Neuroscience, Boston/ Cambridge 1987

– : The Triune Brain in Evolution. Role in Paleocerebral Functions, New York/London 1990

MACLEAN, Paul D.; GUYOT, Roland: Les Trois Cerveaux de L'Homme, Paris 1990

Werke, in denen die Arbeiten von Paul D. MacLean behandelt werden sowie weitere triadische Konzepte des Gehirns

(* = Deutschsprachige Ausgabe)

BRADSHAW, John: Das Kind in uns, München 1992

DITFURTH, Hoimar v.: Der Geist fiel nicht vom Himmel, Hamburg 1976

HALL, Edward T.: Three Domains of Culture and the Triune Brain in: NIEMEIER, Susanne et al. (Eds.): The Cultural Context in Business Communication, Amsterdam/Philadelphia 1997, S. 13 ff.

HAMPDEN-TURNER, Charles: Maps of the Mind, London 1981
* – : Modelle des Menschen, Basel 1982

HART, L. A.: How the Brain Works, New York 1975

HOLDEN, C.: Paul MacLean and the Triune Brain, in: Science, Vol. 204, 1979

HOLLER, Johannes: Das neue Gehirn, Südergellersen 1989

HOOPER, Judith; TERESI, Dick: The Three Pound Universe, New York 1986
* – : Das Drei-Pfund-Universum, Düsseldorf 1988

KOESTLER, Arthur: The Ghost in the Machine, London 1967
* – : Das Gespenst in der Maschine, Wien 1980
– : Janus, New York 1978
* – : Der Mensch, Irrläufer der Evolution, München 1981

LURIA, Alexander R.: Higher Cortical Functions in Man, London 1966
– : The Working Brain, London 1973

MORIN, E.: Le paradigme perdu: La nature humaine, Paris 1973
* – : Das Rätsel des Humanen, München 1974

POPPER, Karl R.; ECCLES, John C.: The Self and its Brain, New York 1977
* – : Das Ich und sein Gehirn, Frankfurt 1982

RANKEL, Roger: Das Oskar-Prinzip, Wiesbaden 2004

RESTAK, Richard M.: The Brain: The Last Frontier, New York 1979
* – : Geist, Gehirn und Psyche, Frankfurt 1981
– : The Brain, New York 1986
* – : Geheimnisse des menschlichen Gehirns, Landsberg 1988

SAGAN, Carl: The Dragons of Eden, New York 1977
* – : Die Drachen von Eden, München 1978
– : Und werdet sein wie Götter, München 1981

SUTHERLAND, St.: Discovering the Human Mind, London 1982
* – : Das menschliche Bewusstsein, München 1982

TAYLOR, Gordon Rattray: The Natural History of the Mind, London 1979
* – : Die Geburt des Geistes, Frankfurt 1982

VROON, Piet: Drei Hirne im Kopf, Zürich 1993

ZIMMER, Dieter E.: Unsere erste Natur, München 1979
– : Die Vernunft der Gefühle, München 1981

Einige Werke zur Evolution und zur Entwicklungs-Biologie

(* = Deutschsprachige Ausgabe)

BADCOCK, Christopher: Psychodarwinismus. Die Synthese von Darwin und Freud, München/Wien 1999

BUSS, David: Die Evolution des Begehrens. Geheimnisse der Partnerwahl, München 1997

CAVALLI-SFORZA, Luigi Luca: Gene, Völker, Sprachen. Die biologischen Grundlagen unserer Zivilisation, München 2001

DAWKINS, Richard: Das egoistische Gen, Heidelberg 1994, 2. Auflage
– : Gipfel des Unwahrscheinlichen. Wunder der Evolution, Reinbek 1999

DIAMOND, Jared: Der dritte Schimpanse, Frankfurt am Main 1994

EIGEN, Manfred.: Stufen zum Leben, München 1993, 3. Auflage

FUTUYMA, Douglas J.: Evolutionsbiologie, Basel/Boston/Berlin 1990

JUNKER, Thomas; HOßFELD, Uwe: Die Entdeckung der Evolution. Eine revolutionäre Theorie und ihre Geschichte, Darmstadt 2001

LEWIN, R.: Human Evolution, New York 1984

MARGULIS, Lynn: Die andere Evolution, Heidelberg/Berlin 1999

MARGULIS, Lynn; SAGAN, Dorion: Mystery Dance. On the Evolution of Human Sexuality, New York 1991

MATURANA, Humberto R.; VARELA, Francisco J.: Der Baum der Erkenntnis, München 1987

MEIER, Heinrich (Hrsg.): Die Herausforderung der Evolutionsbiologie, München 1989

MORRIS, Desmond: Der nackte Affe, München 1970
– : Das Tier Mensch, Köln 1994

OLSON, Steve: Herkunft und Geschichte des Menschen. Was die Gene über unsere Vergangenheit verraten, Berlin 2003

REICHHOLF, Josef H.: Das Rätsel der Menschwerdung, Stuttgart 1991, 3. Auflage

STORCH, Volker u.a.: Evolutionsbiologie, Berlin/Heidelberg 2001

SYKES, Brian: Die sieben Töchter Evas, Bergisch Gladbach 2003

TIGER; FOX: The Imperial Animal, New York 1971
* – : Das Herrentier, München 1971

WAAL, Frans de: Der Affe und der Sushimeister, München 2002

WILHELM, Friedrich (Hrsg.): Der Gang der Evolution, München 1987

WOLPERT, Lewis u.a.: Entwicklungsbiologie, Berlin/Heidelberg 2001

WRANGHAM, Richard; PETERSON, Dale: Bruder Affe. Menschenaffen und die Ursprünge menschlicher Gewalt, Kreuzlingen 2001

Weitere Werke zu den Neuro-Wissenschaften und zur Verhaltens-Genetik

(* = Deutschsprachige Ausgabe)

CIOMPI, Luc: Die emotionalen Grundlagen des Denkens. Entwurf einer fraktalen Affektlogik, Göttingen 1997

DAMASIO, Antonio R.: Descartes' Error. Emotion, Reason and the Human Brain, New York 1994
* – : Descartes' Irrtum. Fühlen, Denken und das menschliche Gehirn, München 1995

ECCLES, John C.: Die Evolution des Gehirns – die Erschaffung des Selbst, München/Zürich 1989

GANTEN, Detlef; PFAFF, Donald (Eds.): Behavioral Aspects of Neuroendocrinology. Current Topics in Neuroendocrinology, Vol. 10, Berlin/Heidelberg/New York 1990

GAZZANIGA, Michael S.: Das erkennende Gehirn. Entdeckungen in den Netzwerken des Geistes, Paderborn 1989

KANDEL, Eric R. u.a. (Hrsg.): Neurowissenschaften, Heidelberg/Berlin/Oxford 1996

KAUTZMANN, Gabriele; MIKETTA, Gaby (Hrsg.): Krieg in unserem Körper. Wie das Immunsystem unser Leben schützt, München 1998

KIMURA, M.; GRAYBIEL, A. M. (Eds.): Functions of the Cortico-Basalganglia Loop, Tokyo/New York 1995

MELZACK, Ronald; WALL Patrick: The Challenge of Pain, New York 1989

MIKETTA, Gaby: Netzwerk Mensch, Stuttgart 1991

MOORE, R. Y.; BLOOM. F. E.: Central Catecholamine Neuron Systems. Anatomy and Physiology of the Norepinephrine and Epinephrine Systems, in: Annual Review of Neurosciences, 1979

ROCKSTROH, Sybille: Einführung in die Neuropsychopharmakologie, Bern/Göttingen/Toronto/ Seattle 2001

SANDERS-BUSH, Elaine (Ed.): The Serotonin Receptors. Series: The Receptors, Clifton 1988

SOHAL, R.S.; BIRNBAUM, Linda S.; CUTLER, Richard G. (Eds.): Molecular Biology of Aging. Gene Stability and Gene Expression, in: Aging, Vol. 29, New York 1985

STONE, Trevor W. (Ed.): CNS Neurotransmitters and Neuromodulators. Dopamine, Library of Congress, 1996

VAN DOMBURG, P. H. M. F.; TEN DONKELAAR, H. J.: The Human Substantia Nigra and Ventral Tegmental Area. Advances in Anatomy, Embryology and Cell Biology, Vol. 121, Berlin/ Heidelberg/New York 1991

WALTER, Henrik: Neurophilosophie der Willensfreiheit. Von libertarischen Illusionen zum Konzept natürlicher Autonomie, Paderborn 1998

WILLNER, P.; SCHEEL-KRÜGER, J. (Eds.): The Mesolimbic Dopamine System. From Motivation to Action, Chichester/New York/Brisbane/Toronto/Singapore 1991

Seminar-Lehrmittel

Schlüssel zur Selbstkenntnis – Die Biostruktur-Analyse 1

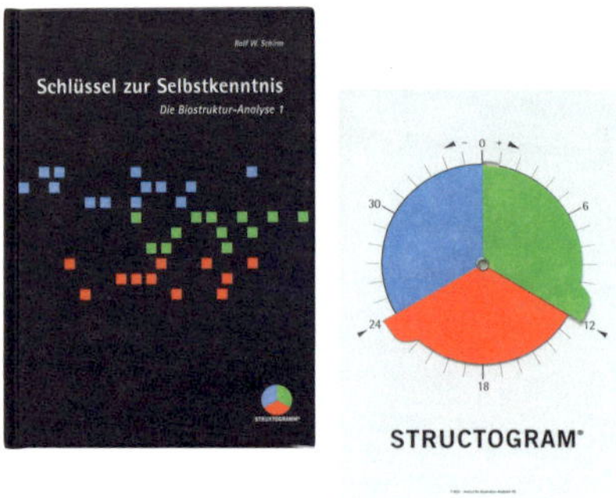

Unter Anleitung eines lizenzierten STRUCTOGRAM®-Trainers führen Sie die Biostruktur-Analyse durch: Sie ermitteln und interpretieren in fünf Schritten Ihr persönliches STRUCTOGRAM®.

128 Seiten, mit STRUCTOGRAM®-Scheibe

Schlüssel zur Menschenkenntnis – Die Biostruktur-Analyse 2

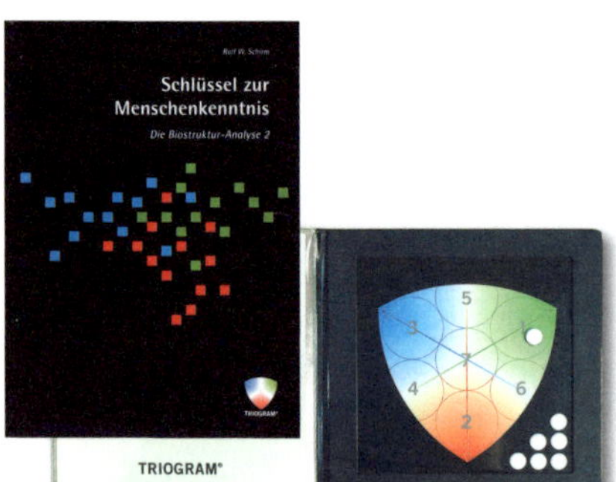

Unter Anleitung eines lizenzierten STRUCTOGRAM®-Trainers lernen Sie in fünf Schritten, die Biostruktur anderer Menschen zu erkennen und im TRIOGRAM® zu «orten».

108 Seiten, mit TrioMap

Schlüssel zum Kunden – Die Biostruktur-Analyse 3

Unter Anleitung eines lizenzierten STRUCTOGRAM®-Trainers lernen Sie, das gleiche Produkt an unterschiedliche Menschen auch «unterschiedlich» zu verkaufen.

Diese Lehrmittel werden ausschließlich in Seminaren von ausgebildeten und lizenzierten STRUCTOGRAM®-Trainern abgegeben.

IBSA Institut für Biostruktur-Analysen AG, CH-6003 Luzern
www.structogram.info • mail@ibsa.info

